全国高等职业教育“十三五”规划教材

GAODENG YINGYONG SHUXUE

# 高等应用数学

主　编　齐莲敏　李云友　陶仕冰
副主编　陈本才　伍先俊　喻赵敏

西北工业大学出版社

**【内容简介】** 本书是按照高职高专的培养目标编写的，以降低理论、加强应用、注重基础、强化能力、适当更新为指导思想. 本书主要内容包括函数、极限与连续、导数与微分、导数的应用、不定积分、定积分以及两个选学（三角函数和经济数学）等.

本书可作为高等职业教育学生的教学用书，也可作为从事相关工作人员的参考用书.

**图书在版编目（CIP）数据**

高等应用数学/齐莲敏，李云友，陶仕冰主编. —西安：西北工业大学出版社，2017.7（2020.9 重印）
全国高等职业教育"十三五"规划教材
ISBN 978-7-5612-5449-3

Ⅰ.①高… Ⅱ.①齐… ②李… ③陶… Ⅲ.①应用数学—高等职业教育—教材 Ⅳ.①O29

中国版本图书馆 CIP 数据核字（2017）第 172207 号

**策划编辑**：付高明　李栋梁
**责任编辑**：杨丽云

---

**出版发行**：西北工业大学出版社
**通信地址**：西安市友谊西路 127 号　　**邮编**：710072
**电　　话**：(029)88493844　88491757
**网　　址**：www. nwpup. com
**印 刷 者**：河南东发印刷有限公司
**开　　本**：787 mm×1 092 mm　　1/16
**印　　张**：8
**字　　数**：187 千字
**版　　次**：2017 年 7 月第 1 版　　2020 年 9 月第 3 次印刷
**定　　价**：35.00 元

# 前　言

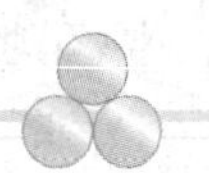

高职教育是我国高等教育的重要组成部分，承担着培养高素质、技能型人才的重任。为贯彻落实教育部《关于全面提高高等职业教育教学质量的若干意见》（教高[2006]16 号）文件精神，适应高等职业教育以服务为宗旨、以就业为导向、深化校企合作、工学结合和顶岗实习的需要，更好地将数学课程与工科专业教学相结合，在认真总结高等数学课程教学改革经验的基础上，我们组织长期从事高职数学教学的教师编写了本书.

本书是按照高职高专的培养目标编写的，以降低理论、加强应用、注重基础、强化能力、适当更新为指导思想.在内容上，淡化理论推导，对复杂的问题一般不做论证，尽量用几何图形、数表、案例来说明其实际背景和应用价值，使读者易于理解和掌握；注重以实例引入概念并最终回到数学应用，加强读者对数学的应用意识，提高读者学习数学的兴趣；在编排上，注意由浅入深，由易到难，由具体到抽象，与专业联系较多的基本知识给予重点加强，注重基本运算技能的训练，不过分追求复杂的变换技巧，让读者养成良好的数学思维习惯；在结构的处理上，与高中、中职教材内容相衔接，使之贯通，力求简明、实用、直观。

本书主要内容包括函数、极限与连续、导数与微分、导数的应用、不定积分、定积分，以及两个选学（三角函数和经济数学）等.

本书具有以下特色.

1. 依据教育部制定的《高职高专高等数学课程教学基本要求》编写，力求突出实用性，坚持理论够用为度的原则，淡化理论性、系统性，强化针对性、实用性，使读者能运用所学数学知识解决实际问题.

2. 本书每章开头列出了“学习目标”，可以使读者在学习时有更为明确的目的；也使教师在教学时，有更强的针对性.

3. 由于模具等专业的学生在将来的工作中会较多使用“三角函数”的知识，本书把这一模块单列在后，以便该类专业的学生选学.

4. 本书既考虑到理工科专业对高等数学的需要，也兼顾经济类专业，把“边际”“弹性”“定积分与不定积分在经济中的应用”等（经济数学）也单列在后，以便经济类学生选学. 因此，本书也适用于经济类各专业.

本书由齐莲敏、李云友、陶仕冰担任主编，陈本才、伍先俊、喻赵敏担任副主编. 其中第一章、选学(一)由陈本才编写，第二章、选学(二)由齐莲敏编写，第三章由伍先俊编写，第四章由李云友编写，第五章由陶仕冰编写，第六章由喻赵敏编写，最后由齐莲敏统一定稿.

本书在编写过程中得到了襄阳汽车职业技术学院各级领导的大力支持和关心，在此对其表示衷心感谢！

由于水平有限，书中存在不当之处在所难免，恳请指正，以便修改完善.

编　者

2017 年 5 月

# 目　录

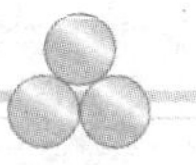

# 第一章　函　数

1. 理解集合的概念、分类，掌握集合的表示方法.
2. 理解函数的概念，了解函数的性质.
3. 理解复合函数的概念.
4. 掌握基本初等函数的性质和图形，了解初等函数的概念.

函数是现代数学最基本的概念之一，是高等数学研究的主要对象. 函数是一个在实际生活，生活实践中有着广泛应用的概念，也是微积分研究的对象. 微积分是研究函数各种特性的一门学科，只有对函数的概念、图像及性质有了全面深入的了解和认识，才能学好微积分.

本章将从函数的基本知识出发，进一步来研究函数的实际含义、特征和"类别"等内容.

## 1.1　集　合

### 一、集合的概念

**(一)集合的定义**

集合：把一些能够确定的不同的对象看成一个整体，就说这个整体是由这些对象的全体构成的集合. 这些对象可以是一些数、一些点、一些式子等等.

元素：集合中每个对象叫做这个集合的元素. 集合通常用大写的拉丁字母表示，如 **A**，**B**，**C**，…元素通常用小写的拉丁字母表示，如 $a$，$b$，$c$，…

**(二)元素与集合的关系**

对于给定的集合 **A**，元素 $a$：

(1)属于：如果 $a$ 是集合 **A** 的元素，就说 $a$ 属于 **A**，记作 $a\in \mathbf{A}$.

(2)不属于：如果 $a$ 不是集合 **A** 的元素，就说 $a$ 不属于 **A**，记作 $a\notin \mathbf{A}$ 要注意"$\in$"的方向，不能把 $a\in \mathbf{A}$ 颠倒过来写.

**(三)集合中元素的特性**

(1)确定性：给定一个集合，任何对象是不是这个集合的元素是确定的了. 即对于任何一个对象，或者是给定集合的元素，或者不是，二者必居其一且仅居其一.

(2)互异性：集合中的元素一定是不同的. 重复元素出现在一个集合中只能算一个元素.

(3)无序性：集合中的元素没有固定的顺序.

**(四)集合分类**

根据集合所含元素个属不同，可把集合分为如下几类.

(1)把不含任何元素的集合叫做空集 **Ø**.

(2)含有有限个元素的集合叫做有限集.

(3)含有无穷个元素的集合叫做无限集.

注：应区分 **Ø**,{**Ø**},{0} ,0 等符号的含义.

(4)全集：在研究集合与集合之间的关系时，所讨论的集合往往都是某一给定的集合的子集，这个给定的集合叫做全集，用符号 U 表示.

**(五) 常用数集及其表示方法**

(1)非负整数集(自然数集)：全体非负整数的集合. 记作 **N** .

(2)正整数集：非负整数集内排除 0 的集. 记作 **N**＊ 或 **N**＋.

(3)整数集：全体整数的集合. 记作 **Z.**

(4)有理数集：全体有理数的集合. 记作 **Q.**

(5)实数集：全体实数的集合. 记作 **R.**

**(六)集合的表示方法**

1. 列举法

把集合中的所有元素一一列举出来，并用逗号分隔开，写在大括号“{ }”内，这种表示集合的方法叫做列举法.

例如，由两个数 0,1 构成的集合可表示为{0,1}. 一般形式为$\{x_1, x_2, x_3, \cdots, x_n\}$.

2. 描述法

把集合中的元素的公共属性描述出来并写在大括号“{ }”内，这种表示集合的方法叫做描述法.

例如，偶数集：$\{x \mid x=2n, n\in \mathbf{Z}\}$. 一般形式为{$x$|$x$ 满足的公共属性}.

**例 1**　下列语句能确定是一个集合的是(　　).

A. 著名的科学家

B. 头发长的女生

C. 视力差的男生

D. 襄阳汽车职业技术学院 2016 年秋季运动会比赛项目

答案：(D)

**例 2**　(1)$\frac{1}{2}\in \mathbf{R}$；(2)$\sqrt{2}\notin \mathbf{Q}$；(3)$|-3|\notin \mathbf{N}^*$；(4)$|-\sqrt{3}|\in \mathbf{N}$；(5)$0\notin \varnothing$. 其中正确的个数为(　　).

A. 1 个　　B. 2 个　　C. 3 个　　D. 4 个

答案：(C)

**例 3**　用列举法表示集合$\{x \mid x^2-2x+1\}$.

答案：({1})

## 二、集合与集合之间的关系

### (一)子集、真子集

1. 子集

对于两个集合 A,B,如果集合 A 的任何一个元素都是集合 B 的元素,那么集合 A 是集合 B 的子集，记作 $A\subseteq B$ 或 $B\supseteq A$

读作 A 包含于 B,或 B 包含 A.

2. 真子集

若集合 A 是集合 B 之间,并且 B 中至少有一个元素不属于 A,则称集合 A 是集合 B 的真子集,记作 $A\subsetneqq B$ 或 $B\supsetneqq A$. 读作 A 真包含于 B(或 B 真包含 A).

规定:空集是任何集合的子集;空集是任何非空集合的真子集.

结论:

(1)任何一个集合是它本身的子集;

(2)集合 A 中元素的个数记为 $n$,则它的子集的个数:$2^n$,真子集的个数:$2^n-1$,非空真子集个数:$2^n-2$.

### (二)集合相等

如果集合 A 是集合 B 的子集,且集合 B 是集合 A 的子集,那么就说集合 A 与集合 B 相等,记为 A=B. 即若,$A\subseteq B$ 且 $B\supseteq A$,则 A=B.

简单地说,如果两个集合中的元素完全是一样的,就说这两个集合相等.

**例 4**　下列命题中,①$\varnothing=0$;②$\varnothing\subseteq 0$;③集合 $M=\{a,b,c\}$,$N=\{a,c,b\}$,则 M=N;④集合 $A=\{y\mid y=x^2-1,x\in \mathbf{R}\}$,$B=\{(x,y)\mid y=x^2-1,x\in \mathbf{R}\}$,则 A=B; ⑤$a=\sqrt{5}$,集合 $M=\{x\mid 0\leqslant x<2\}$,则 $a\subsetneqq M$,正确命题的个数是(　　).

A. 1　　　　B. 2　　　　C. 3　　　　D. 4.

答案:(B)

## 三、集合的运算及性质

### (一)交集

1. 定义

由集合 A 和集合 B 的所有公共元素所组成的集合叫做 A 与 B 的交集, 记为 $A\cap B$,读作"A 交 B",即 $A\cap B=\{x\mid x\in A$ 且 $x\in B\}$.

2. 性质

1°. $A\cap B=B\cap A$.

2°. $\varnothing\subseteq A\cap B=B\subseteq A$,$\varnothing\subseteq A\cap B\subseteq B$.

3°. $A\cap A=A$,$A\cap\varnothing=\varnothing$,$A\cap U=A$.

### (二)并集

1. 定义

由集合 A 或集合 B 的元素所组成的集合叫做 A 与 B 的并集. 记为($A\cup B$),读作"A 并 B",即 $A\cup B=\{x\mid x\in A$ 或 $x\in B\}$.

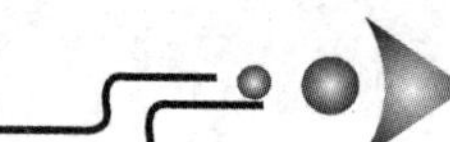

2. 性质

1°. $\mathbf{A}\cup\mathbf{B}=\mathbf{B}\cup\mathbf{A}$.

2°. $\emptyset\subseteq\mathbf{A}\cap\mathbf{B}\subseteq\mathbf{A}\subseteq\mathbf{A}\cup\mathbf{B}$；$\emptyset\subseteq\mathbf{A}\cap\mathbf{B}\subseteq\mathbf{B}\subseteq\mathbf{B}\subseteq\mathbf{A}\cup\mathbf{B}$.

3°. $\mathbf{A}\cup\mathbf{A}=\mathbf{A},\mathbf{A}\cup\emptyset=\mathbf{A},\mathbf{A}\cup\mathbf{U}=\mathbf{U}$.

**(三)补集**

1. 定义

已知全集 U，集合 A⊆U，由 U 中所有不属于 A 的元素组成的集合，叫做集合 A 在集合 U 中的补集，记为“$C_U A$”，读作“A 在 U 中的的补集”，简称“A 补”，即 $C_U A=\{x|x\in U$ 且 $x\notin A\}$.

2. 性质

1°. $\mathbf{A}\cap C_U\mathbf{A}=\mathbf{U},\mathbf{A}\cap C_U=\mathbf{A}=\emptyset$.

2°. $C_U\emptyset=\mathbf{U},C_U=\emptyset$.

3°. $C_U(C_U\mathbf{A})=\mathbf{A}$.

**例 5** 设集合 $A=\{-2\},B=\{x|ax+1=0,a\in\mathbf{R}\}$，若 $A\cap B=B$，求 $a$ 的值.

解：由 $A\cap B=B$ 得 $B\subseteq A$ 即 $B=A$ 或 $B\subsetneqq A$，所以 $B=\{-2\}$ 或 $B=\emptyset$，

解得 $a=\frac{1}{2}$ 或 $a=0$.

**例 6** 满足条件 $M\cup\{1\}=\{1,2,3\}$的集合 M 的个数是(　　).

A. 1　　B. 2　　C. 3　　D. 4.

解：因为 $M\cup\{1\}=\{1,2,3\}$，所以 M 中一定含有元素 2，3，可以有元素 1，即 $M=\{2,3\}$或 $M=\{1,2,3\}$，故选 B.

**例 7** 若全集 U=R，集合(　　).

A. $\emptyset$　　B. $\{x|x>1\}$　　C. $\{x|x<-2\}$　　D. $\{x|x>1$ 或 $x<-2\}$.

答案：(B)

## 四、区间与邻域

**(一)区间**

区间是用得较多的一类数集.

设 $a$ 和 $b$ 都是实数，且 $a<b$. 数集$\{x|a<x<b\}$称为开区间，记为$(a,b)$即

$$(a,b)=\{x|a<x<b\}$$

类似地

$$[a,b]=\{x|a\leqslant x\leqslant b\}$$
$$[a,b)=\{x|a\leqslant x<b\}$$
$$(a,b]=\{x|a<x\leqslant b\}$$

$[a,b]$称为闭区间，$[a,b)$和$(a,b]$都称为半开区间. $a$ 和 $b$ 称为区间的端点，数 $b-a$ 称为区间的长度.

以上这些区间都称为有限区间. 除此之外还有几类无限区间

$$[a,+\infty]=\{x|x>a\}$$
$$[a,+\infty)=\{x|x\geqslant a\}$$
$$(-\infty,b]=\{x|x<b\}$$

$$(-\infty,b]=\{x|x\leqslant b\}$$

$$(-\infty,+\infty]=\{x|x\text{ 是实数}\}=\mathrm{R}$$

以后我们常用 $I$ 泛指以上各种区间，即它可以是有限区间、可以是无限区间、可以是开区间、也可以是闭区间或半开区间.

**(二)邻域**

邻域也是一个经常用到的概念.

设 $a$ 和 $\delta$ 是两个实数，且 $\delta>0$，开区间 $(a-\delta,a+\delta)$ 称为 $a$ 的 $\delta$ 邻域，记作 $U(a,\delta)$，即 $U(a,\delta)=(a-\delta,a+\delta)=\{x|a-\delta<x<a+\delta\}$.

点 $a$ 称为这个邻域的中心，$\delta$ 称为这个邻域的半径.

因为 $a-\delta<x<a+\delta$ 相当于 $|x-a|<\delta$，所以 $U(a,\delta)=\{x||x-a|<\delta\}$.

在不需关注邻域的半径时，邻域 $U(a,\delta)$ 也简记为 $U(a)$.

因为 $|x-a|$ 表示点 $x$ 与点 $a$ 间的距离，所以 $U(a,\delta)$ 表示与点 $a$ 的距离小于 $\delta$ 的一切点 $x$ 的全体.

有时用到的邻域需要把邻域中心去掉，点 $a$ 的 $\delta$ 邻域去掉中心 $a$ 后，称为点 $a$ 去心 $\delta$ 邻域，记作 $\mathring{U}(a,\delta)$，即

$\mathring{U}(a,\delta)=\{x|0<|x-a|<\delta\}$，其中 $0<|x-a|$ 表示 $x\neq a$.

例如，$\{x||x-1|<5\}$ 表示以点 $a=1$ 为中心、0.5 为半径的邻域，也就是开区间 $(0.5,1.5)$，即 $U(1,0.5)=\{x||x-1|<5\}=(0.5,1.5)$.

$\{x|0<|x-1|<5\}$ 表示以点 $a=1$ 为中心、0.5 为半径的去心邻域，也就是 $(0.5,1)U(1,1.5)$，即

$\mathring{U}(1,0.5)=\{x|0<|x-1|<0.5\}=(0.5,1)U(1,1.5)$.

## 习题 1.1

1. 用列举法表示集合 $\{x|x=x^2-3x-2\}$.

2. 与描述法表示“比 $-2$ 大且比 1 小的所有实数”组成的集合 B.

3. 用另一种方法表示集合 $\mathbf{C}=\{(x,y)|x+y=5,x\in\mathbf{N},\mathbf{y}\in\mathbf{N}\}$.

4. 选择用适当的方法表示下列集合.

(1)由方程 $x(x^2-2x-3)=0$ 的所有实数根组成的集合；

(2)大于 2 且小于 6 的有理数；

(3)由直线 $y=-x+4$ 上横坐标和纵坐标都是自然数的点组成的集合.

5. 已知全集 $\mathbf{U}=\mathbf{R}$，集合 $\mathbf{A}=\{x|-2\leqslant x\leqslant 3\}$，$\mathbf{B}=\{x|x<-1\text{ 或 }x>4\}$，求 $\mathbf{A}\cap\mathbf{C_U B}$.

6. 设集合 $\mathbf{U}=\{1,2,3,4,5,6\}$，集合 $\mathbf{B}=\{2,3,4\}$，求：$\mathbf{A}\cap\mathbf{B}$，$\mathbf{A}\cup\mathbf{B}$，$\mathbf{C_U}(\mathbf{A}\cup\mathbf{B})$，$\mathbf{C_U}(\mathbf{A}\cap\mathbf{B})$.

7. 已知 $\mathbf{A}=\{x|a\leqslant x\leqslant a+3\}$，$\mathbf{B}=\{\boldsymbol{x}|\boldsymbol{x}<-1\text{ 或 }\boldsymbol{x}>5\}$ 求：

(1)若 $\mathbf{A}\cap\mathbf{B}=\varnothing$，求 $a$ 的取值范围；

(2)若 $\mathbf{A}\cup\mathbf{B}=\mathbf{B}$，求 $a$ 的取值范围.

8. 判断下列说法是否正确，并说明理由.

(1)参加 2017 年襄阳汽车职业技术学院秋季运动会的所有班级构成一个集合；

(2)未来世界的高科技产品构成一个集合；

(3)1,0.5,$\frac{3}{2}$,$\frac{1}{2}$组成的集合含有4个元素;

(4)我们班个子高的同学构成一个集合.

9.已知**A**$=\{x|x^2-4x+3=0\}$,求

(1)用列举法表示集合;

(2)写出集合**A**的所有子集.

10.已知**A**$=\{a+2,(a+1)^2,a^2+3a+3\}$且$1\in$**A**,求实数$a$的范围.

11.已知集合**A**$=\{x|-2\leqslant x\leqslant 5\}$,**B**$=\{x|m\leqslant x\leqslant 3m-1\}$,若**B**⊆**A**求实数$m$的范围.(提示:注意**B**为空集的情况)

12.已知函数$f(x)=\sqrt{\frac{x+1}{x-2}}$的定义域是集合**A**,函数$g(x)=\lg[x^2-(2a+1)x+a^2+a]$的定义域是集合**B**.

(1) 求集合**A**,**B**;

(2) 若**A**$\cup$**B**$=$**B**,求实数$a$的取值范围.

13.已知集合**A**$=\{-4,2a-1,a^2\}$,**B**$=\{a-5,a-a,9\}$,分别求适合下列条件的$a$的值.(1)$9\in$**A**$\cap$**B**;(2)$\{9\}=$**A**$\cap$**B**.

# 1.2　函数的概念

## 一、函数的概念

**定义1**　设有两个变量$x$和$y$,**D**是一个给定的实数集,如果对于**D**中的每一个$x$值,按照某个对应法则$f$,变量$y$都有唯一确定的值与它对应,则称变量$x=0$是变量$x=2$的函数,记作$y=f(x)$.其中$x$叫做自变量,$y$叫做因变量.数集**D**叫做函数的定义域.当$x$取遍定义域**D**中的一切数时,它对应的$y$值组成的集合**M**叫做函数的值域.

一般地,$x$的函数可用$y=g(x)$,$y=h(x)$等表示.如果函数由$y=f(x)$表示,当自变量取定义域某个值$x_0$时,对应的函数值,就记为$f(x_0)$,或$y|x=x_0$.

从函数定义中我们注意到,两个变量x和变量y构成函数关系,必须具备二个条件:①函数具有定义域;②因变量x和自变量y有确定的对应法则,满足这两个条件的两个变量,就构成函数关系,否则,函数关系就不成立.例如,$y=\sqrt{x+1}$,只有在$x+1\geqslant 0$即$x\geqslant -1$,每取$x\geqslant -1$的一个实数就有确定的$y=\sqrt{x+1}$成立,所以解析式$y=\sqrt{x+1}$在$x\geqslant -1$时构成了函数关系,又比如$y=\sqrt{-x^2-1}$无论变量$x$取任何实数,$y=\sqrt{-x^2-1}$不成立,所以解析式$y=\sqrt{-x^2-1}$构不成函数关系.

只有当两个函数的定义域和对应法则完全相同时,才能认为这两个函数是相同的函数.至于变量本身的具体意义及采用什么记号,那是无关紧要的,如函数$y=f(x)$,$x\in$ D与$s=f(t)$,$t\in$ D代表同一个函数.

**例1**　判断下列每组的两个函数是否表示同一个函数.

(1)$y=2\ln x$,$y=\ln x^2$;　　　(2)$y=|x|$,$s=\sqrt{t^2}$

解：(1)函数 $y=2\ln x$ 的定义域为$(0,+\infty)$，而函数 $y=\ln x^2$ 的定义域为$(-\infty,0)\cup(0,+\infty)$，即两个函数的定义域不相同，所以它们不是同一个函数.

(2)函数 $y=|x|$ 与函数 $s=\sqrt{t^2}$ 的定义域都是$(-\infty,+\infty)$，且有相同的对应法则，所以，尽管两个函数的自变量、因变量所用的字母不同，但它们表示同一个函数.

**例 2** 已知函数 $f(x)=x^2+\dfrac{x}{1-x}+1$，求 $f(0)$，$f(x+1)$，$f\left(\dfrac{1}{x}\right)$，$\dfrac{1}{f(x^2)}$.

解：

$$f(0)=0^2+\frac{0}{1-0}+1=1$$

$$f(x+1)=(x+1)^2+\frac{x+1}{1-(x+1)}+1$$

$$=\frac{x^3+2x^2+x-1}{x}$$

$$f\left(\frac{1}{x}\right)=\left(\frac{1}{x}\right)^2+\frac{\frac{1}{x}}{1-\frac{1}{x}}+1$$

$$=\frac{x^3+x-1}{x^3-x^2}$$

$$\frac{1}{f(x^2)}=\frac{1}{(x^2)^2+\frac{x^2}{1-x^2}+1}$$

$$=\frac{x^2-1}{x^6-x^4-1}$$

**例 3** 求以下函数的定义域.

(1)$y=\dfrac{1}{x^2-x}$.

(2)$y=\sqrt{x+2}+1$.

(3) $y=\ln(x-5)$.

解：(1)函数是分式，所以有 $x^2-x\neq0$ 即 $2\neq0$ 和 $x\neq1$ 时，函数关系成立，故函数的定义域是$(-\infty,0)\cup(0,1)\cup(1,+\infty)$.

(2)函数是偶次方根，所以，有 $x+2\geqslant0$ 即 $x\geqslant-2$ 时，函数关系成立，故函数的定义域是$[-2,+\infty)$.

(3)函数是对数，所以有 $x-5>0$ 即 $x>5$ 时，函数关系成立，故函数定义域是$(5,+\infty)$.

## 二、函数的表示方法

表示函数的方法主要有三种：公式法、列表法和图示法.

### (一)公式法

用数学式子表示函数的方法叫公式法，又叫解析法，如上面例 2、例 3 中的函数都是用公式法表示的. 这种表示法便于对函数进行理论上的研究，优点是表达清晰，缺点是不够直观，抽象.

### (二)列表法

用表格形式表示函数的方法叫列表法，如对数表. 优点是所求函数值容易查得，缺点是有一定的局限性.

**(三)图示法**

用图形表示函数的方法叫图示法.优点是直观形象,函数的变化一目了然且便于研究函数的几何形质,缺点是不便于作理论研究.

## 三、分段函数

在自变量的不同变化范围中,对应法则用不同式子来表示的一个函数叫分段函数.

用几个式子来表示一个(不是几个)函数,不仅与函数定义不矛盾,而且有现实意义,在自然科学和工程技术、日常生活中,经常会用到分段函数,如乘坐出租车时费用与路程之间的函数关系,又如城市中的水、电、气梯级收费都是用分段函数表示的.

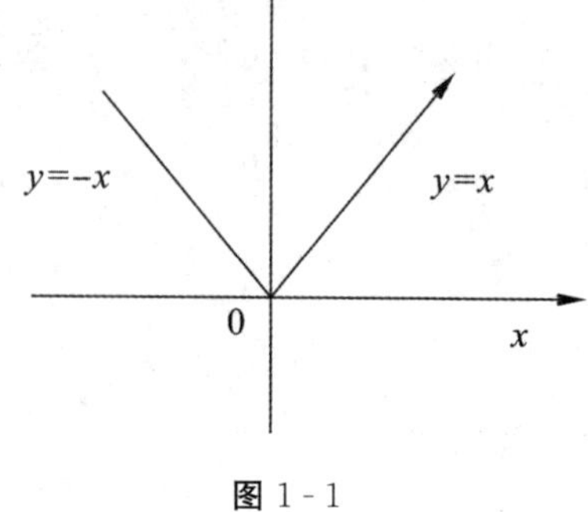


图 1-1

**例 4** 绝对值函数 $y=|x|=\begin{cases}-x, x<0\\ x, x\geqslant 0\end{cases}$,如图 1-1 所示.定义域为$(-\infty,+\infty)$;值域为$[0,+\infty)$.

**例 5** 符号函数 $y=\operatorname{sgn}x=\begin{cases}1, x>0.\\ 0, x=0.\\ -1, x<0\end{cases}$

定义域为$(-\infty,+\infty)$;值域为$\{-1,0,1\}$.

分段函数的定义域是各部分的并集,求分段函数的函数值时,将自变量的值代入相应范围的解析式.

## 习题 1.2

1.把一个钢球锻打成一个圆盘的过程中,钢球的重量 P、体积 $V$、直径 $D$ 这三个量,哪些是常量?哪些是变量?

2.设 $M(x,y)$是曲线 $y=x^2$ 上的动点,$MN$ 垂直于 $x$ 轴于 $N$.问:

(1)曲边三角形 $ONM$ 的面积是不是 $x$ 的函数?

(2)曲线在 $M$ 点的切线的斜角 $\alpha$ 是不是 $x$ 的函数?

3.火车站收取行李费的规定:若当行李不超过 50 kg 时,从昆明到北京每千克收 0.5 元,当超过 50 kg 时,超重部分按每千克 0.75 元收取,试求运费 $y$ 和重量 $x$ 的函数关系式,并画出函数的图形.

4.设等边三角形的面积为 $S$,周长为 L,把面积 $S$ 和周长 L 表示为等边三角形边长为 $x$ 的函数.

5.设正方形的边长为 L,对角线长为 d,把边长 L 表示为对角线 d 的函数.

6. $y=\lg(-x^2)$ 是不是一个函数关系.

7. $y=\dfrac{x-4}{x+2}$和 $y=x-2$ 是不是相同的函数关系?为什么?

8.求下列函数的定义域.

(1) $y=\sqrt{4-x^2}$　　(2) $y=\sqrt{x+2}+\dfrac{1}{1-x^2}$

(3) $y=\dfrac{1}{x^2-x}$　　(4) $y=\sin\sqrt{x}$

(5) $y=\ln(x+1)$　　(6) $y=\dfrac{3x}{x^2-3x+2}$

(7) $y=\sqrt{x^2-x-2}+\dfrac{1}{\ln(4-x)}$　　(8) $y=\dfrac{1}{1-\log_2 x}\arcsin\dfrac{x-1}{3}$

(9) $y=\lg(\ln x)$　　(10) $y=\sqrt{x-2}+\dfrac{1}{x-3}+\log_3(5-x)$

9. 设 $f(x)=\dfrac{2x-3}{x-1}$，求下列函数的值：$f(0)$，$f(2)$，$f(a)$，$f\left(\dfrac{1}{a}\right)$，$f(a+1)$.

10. 设 $f(x)=\ln x$，求 $f(e)-f(1)$；$f(e^2)-f\left(\dfrac{1}{e}\right)$.

11. 若设 $f(x)=\begin{cases}|\sin x|, & |x|<\dfrac{\pi}{3}\\ 0, & |x|\geqslant\dfrac{\pi}{3}\end{cases}$，求 $f\left(\dfrac{\pi}{3}\right)$，$f\left(\dfrac{\pi}{4}\right)$，$f\left(-\dfrac{\pi}{4}\right)$，$f(2)$.

12. 画出 $y=\begin{cases}3x, & x>1\\ x^2, & x<1\\ 3, & x=1\end{cases}$ 的图像.

13. $f(x)=\dfrac{1}{1+x}$，求 $f(2+x)$，$f(2x)$，$f(x^2)$，$f(f(x))$，$f\left(\dfrac{1}{f(x)}\right)$.

# 1.3 函数的性质

## 一、函数的有界性

**定义 1** 设函数 $y=f(x)$ 的定义域为 $D$，区间 $I\subset D$，如存在一个正数 $M$，对于所有 $x\in I$，恒有 $|f(x)|\leqslant M$，则称函数 $f(x)$ 在 $I$ 内是有界的. 否则，称函数 $f(x)$ 在 $I$ 内是无界的.

比如函数 $f(x)=\sin x$，在 $(-\infty,+\infty)$ 内是有界的；函数 $f(x)=\dfrac{1}{x}$ 在 $(0,1)$ 内是无界的，但函数 $f(x)$ 在 $(1,2)$ 内有界.

## 二、函数的单调性

**定义 2** 如果函数 $f(x)$ 的定义域为 $D$，区间 $I\subset D$，如果对于区间 $I$ 上的任意两点 $x_1$ 和 $x_2$，当 $x_1<x_2$ 时，有 $f(x_1)<f(x_2)$，则称函数 $f(x)$ 在区间上是单调增加的（见图 1-2）. 区间 $I$ 称为单调增加区间.

如果对于区间 $I$ 上的的任意两点 $x_1$ 和 $x_2$，当 $x_1<x_2$ 时，有 $f(x_1)>f(x_2)$，则称函数 $f(x)$ 在区间 $(a,b)$ 内是单调减少的（见图 1-3）. 区间 $I$ 称为单调减少区间.

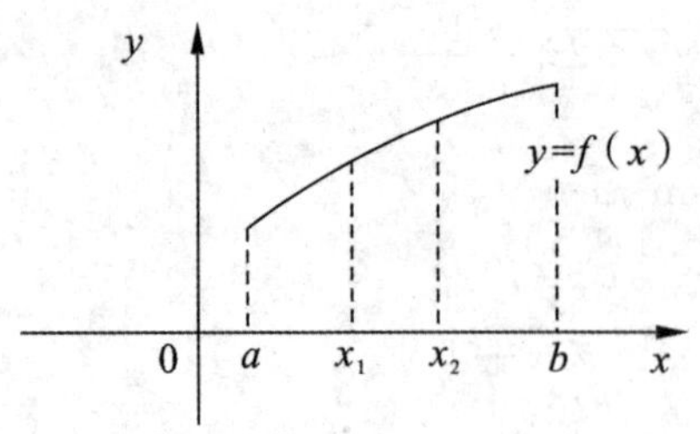

图 1-2

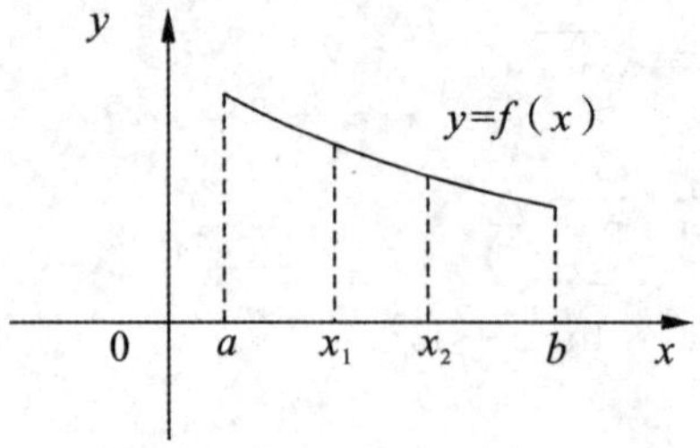

图 1-3

单调增加和单调减少函数统称为单调函数.单调增区间和单调减区间统称为单调区间.

由图 1-2 和图 1-3 可知,单调增函数的图形是沿 $x$ 轴正向逐渐上升的;单调减函数的图形是沿 $x$ 轴正向逐渐下降的,如 $f(x)=x^2$ 在区间 $[0,+\infty)$ 上是单调增加的,在区间 $(-\infty,0]$ 上是单调减少的,在区间 $(-\infty,+\infty)$ 内不是单调的.

判断函数单调性的步骤.

(1)在给定区间内任取 $x_1,x_2$,且规定 $x_1<x_2$.

(2)作差 $f(x_1)-f(x_2)$.

(3)查看 $f(x_1)-f(x_2)$ 的符号,当 $f(x_1)-f(x_2)<0$ 时,函数 $f(x)$ 在区间 $D$ 上单增;当 $f(x_1)-f(x_2)>0$ 时函数 $f(x)$ 在区间 $D$ 上单减.

**例 1** 证明:函数 $f(x)=2x^2+1$ 在 $(0,+\infty)$ 上为单增函数.

证明:任取 $x_1,x_2\in(0,+\infty)$,且 $x_1<x_2$,

则 $f(x_1)-f(x_2)=2(x_1^2-x_2^2)$

$=2(x_1+x_2)(x_1-x_2)$,

而 $x_1+x_2>0,x_1-x_2<0$,

故 $f(x_1)-f(x_2)<0$,

所以函数 $f(x)=2x^2+1$ 在 $(0,+\infty)$ 上为单增函数.

## 三、函数的奇偶性

**定义 3** 如果函数 $f(x)$ 定义域 $D$ 关于坐标原点对称,对于定义域 $D$ 内任意的 $x$ 都满足 $f(-x)=f(x)$,则称 $f(x)$ 为偶函数;如 $f(x)$ 对于定义域 $D$ 内任意 $x$ 都满足 $f(-x)=-f(x)$,则称 $f(x)$ 为奇函数.

例如,$f(x)=3x^2$ 满足 $f(-x)=3(-x)^2$ 是偶函数;

$f(x)=x^3$ 满足 $f(-x)=(-x)^3=-x^3=-f(x)$ 是奇函数.

偶函数的图形(见图 1-4)是关于 $y$ 轴对称的,因为对定义域内的任意 $x$,都有 $f(-x)=f(x)$,所以如果点 $A(x,f(x))$ 在图形上,于是关于 $y$ 轴的对称点 $A(-x,f(x))$ 亦在图形上.

奇函数的图形(见图 1-5)是关于原点对称的,因为对定义域内的任意一点 $x$,都有 $f(-x)=-f(x)$,所以如果点 $A(x,f(x))$ 在图形上,关于原点的对称点 $A(-x,-f(x))$ 亦在图形上.

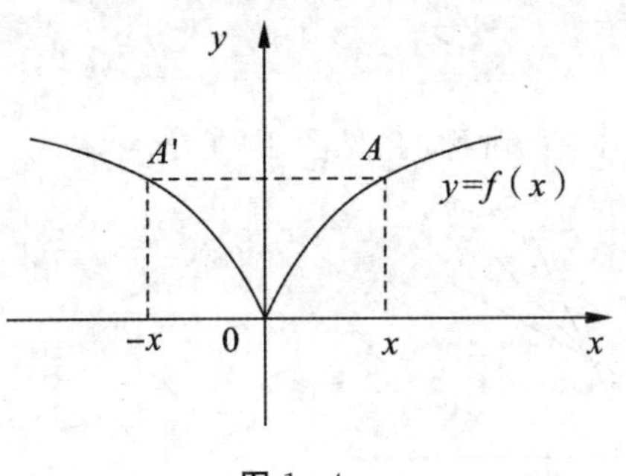

图 1-4

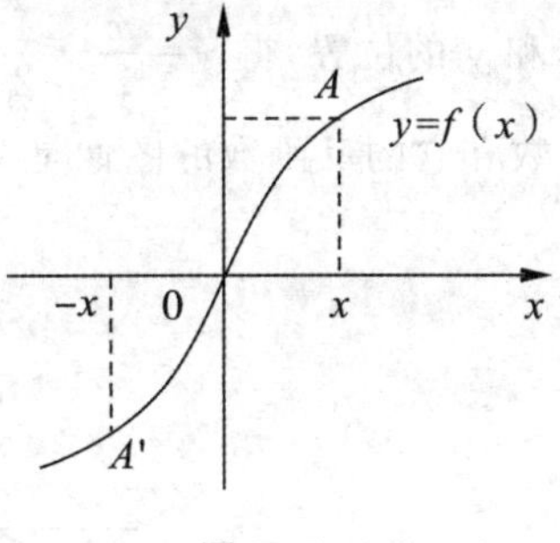

图 1-5

**例 2**　判别 $f(x)=x^4-3x^2$ 的奇偶性.

解:因为 $f(-x)=(-x)^4-3(-x)^2=x^4-3x^2=f(x)$,

所以函数 $f(x)=x^4-3x^2$ 是偶函数.

**例 3**　判别 $f(x)=\frac{1}{x}$的奇偶性.

解:因为 $f(-x)=\frac{1}{-x}=-\frac{1}{x}=-f(x)$,

所以函数 $f(x)=\frac{1}{x}$是奇函数.

**例 4**　判别 $f(x)=3x^2+2x$ 的奇偶性.

解:因为 $f(-x)=3(-x)^2+2(-x)=3x^2+2x$,既不等于 $f(x)=3x^2+2x$,也不等于 $-f(x)=-3x^2-2x$,故函数 $f(x)=3x^2+2x$ 为非奇非偶函数.

判断函数奇偶性的方法如下:

(1)观察函数的定义域是否关于原点对称,若定义域不关于原点对称则该函数为非奇非偶函数,若定义域关于原点对称则按下列方法进行.

(2)在定义域中任取 $x$,求 $f(x)$和 $f(-x)$,若 $f(-x)=f(x)$则 $f(x)$为偶函数,若 $f(-x)=-f(x)$则 $f(x)$为奇函数,否则 $f(x)$为非奇非偶函数.

## 四、函数的周期性

**定义 4**　设函数 $f(x)$的定义域为 $D$,如果存在一个非零常数 $T$,使得若 $x\in D$,有 $x\pm T\in D$,且 $f(x+T)=f(x)$恒成立,则称此函数为周期函数. $T$ 称为 $f(x)$的周期. 满足这个等式的最小正数 $L$,称作函数的最小正周期. 讨论周期函数时,所说的周期是指最小正周期.

例如, $y=\sin x$ 就是周期函数,最小正周期为 $2\pi$; $y=\tan x$ 是周期函数,最小正周期是 $\pi$.

## 五、反函数

**定义 5**　设给定 $y$ 是 $x$ 的函数 $y=f(x)$,如果 $y$ 把当做自变量,$x$ 当做函数,则由关系式 $y=f(x)$所确定的函数 $x=\varphi(y)$称为函数 $y=f(x)$的反函数. 习惯上用字母 $x$ 表示自变量,用字母 $y$ 表示函数,往往把 $x=\varphi(y)$写作 $y=\varphi(x)$,记作$=y=f^{-1}(x)$.

**例 5**　求函数 $y=2x-1$ 的反函数,并作图.

解:由函数 $y=2x-1$ 解 $x$,得所求反函数:$x=\frac{y}{2}+\frac{1}{2}$,

对调 $x$ 和 $y$ 的位置，得 $y=\frac{x}{2}+\frac{1}{2}$.

一个函数和它的反函数的图像是关于直线 $y=x$ 对称的(见图 1-6).

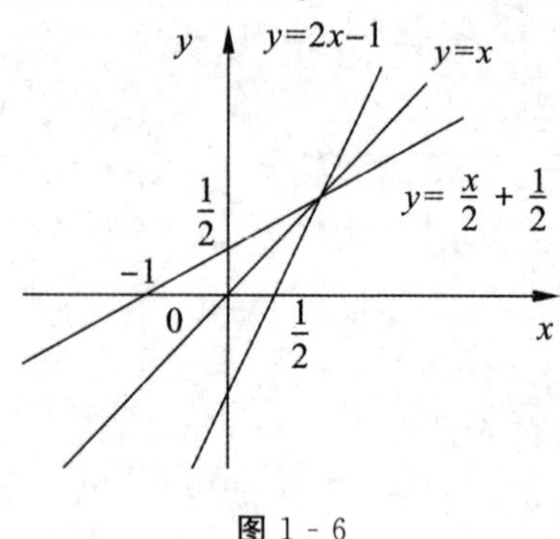


图 1-6

## 习题 1.3

1. 下列函数中，哪些是奇函数？哪些是偶函数？

(1) $y=4^{-x^2}$　　(2) $y=\frac{1}{2}(e^x+e^{-x})$

(3) $y=x(x+1)(x-1)$　　(4) $y=5x^3-x^2$

(5) $y=\ln(x+\sqrt{x^2-1})$　　(6) $y=\frac{1-x}{1+x^2}$

2. 求反函数.

(1) $y=3x+4$　　(2) $y=\sqrt{x+2}$

3. 证明：$f(x)=x+\sin x$ 在 $\left(-\frac{\pi}{2},\frac{\pi}{2}\right)$ 上为单调递增函数.

# 1.4 初等函数

为便于以后研究函数，我们先介绍以下六种函数.

## 一、常数函数 $y=C$($C$ 为常数)

常数函数的定义域为$(-\infty,+\infty)$，值域为$\{C\}$，即不论 $x$ 取何值，$y$ 都取常数 $C$，其图形是与 $x$ 轴平行的一条直线.

## 二、幂函数

问题 1：如果正方形边长是 a，那么其面积 $S$ 如何表示？反之，如果正方形的面积是 $S$，那么其边长 a 又如何表示。($S=a^2$，$a=\sqrt{S}=S^{\frac{1}{2}}$)

问题 2：某人在 $t$ 分钟内骑电动车先走了 4 公里，那么某人的平均速度 $\bar{v}$ 是多少公里？

$$(\bar{v}=\frac{4}{t}=4t^{-1}\text{公里/分钟})$$

一般把形如 $y=x^{\mu}$($\mu$ 是常数)称为幂函数.

幂函数的定义域由 $\mu$ 决定。但不论 $\mu$ 取何值,它在区间$(0,+\infty)$内都有定义.

在幂函数 $y=x^{\mu}$,$\mu=1,2,3,\frac{1}{2},-1$ 是最常见的幂函数。问题 1 中 $\mu=2$ 和 $\mu=\frac{1}{2}$;问题 2 中 $\mu=-1$,希望同学们掌握并了解其图型(见图 1 - 7).

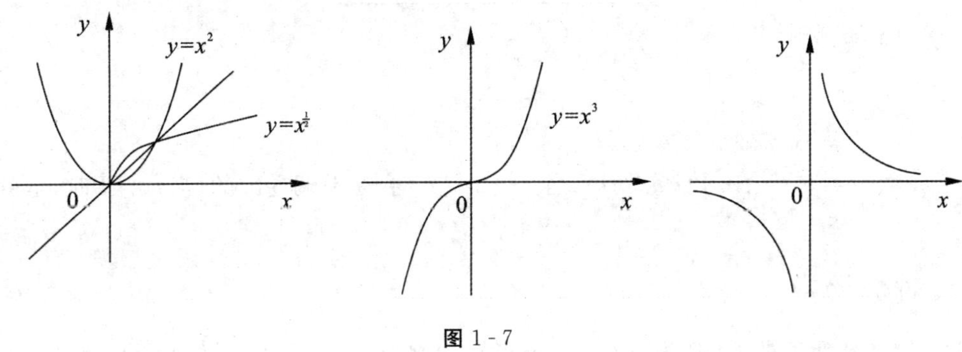


图 1 - 7

## 三、指数函数

问题 1:某人存入银行 1 000 元,若月利是$\frac{4}{1\ 000}$,那么半年后应得多少钱?

问题 2:将 1 m 长的钢棍,从中间切割一半,再切割一半,连续切割 $n$ 次,余下部分的钢棍还有多少米?

分析 1:一个月后得 $1\ 000+1\ 000\times\frac{4}{1\ 000}=1\ 000(1+\frac{4}{1\ 000})$元.

二个月后得 $1\ 000(1+\frac{4}{1\ 000})^2$ 元.

以此类推,存款所得款数与函数的指数有关,所以,半年后应得的款数是

$$y=1\ 000(1+\frac{41\ 000}{})^6\text{ 元}$$

分析 2:切割一次余下的钢棍为$\frac{1}{2}$米,即$\frac{1}{2^1}$米.

切割二次余下的钢棍为$\frac{1}{4}$米,即$\frac{1}{2^2}$米.

切割三次余下的钢棍为$\frac{1}{8}$米,即$\frac{1}{2^3}$米.

依次推理,切割 $n$ 次,余下的钢棍长是$\frac{1}{2^n}$米.

把形如 $y=a^x(a>0,a\neq1)$ 的函数称为指数函数,定义域为$(-\infty,+\infty)$,值域为$(0,+\infty)$.在科学技术中,最常用是以 e 为底的指数函数,即 $y=e^x$,其中 $e=2.718\ 28\cdots$ 是个无理数.

指数函数 $y=e^x$ 和 $y=e^{-x}$ 有如下特征(见图 1 - 8).

(1)不论 $x$ 为何数时,总有 $y>0$ 且图形在 $x$ 轴上方.

(2) 图形过点(0,1).

(3) $y = e^x$ 在$(-\infty, +\infty)$内单增，$y = e^{-x}$ 在$(-\infty, +\infty)$内单减.

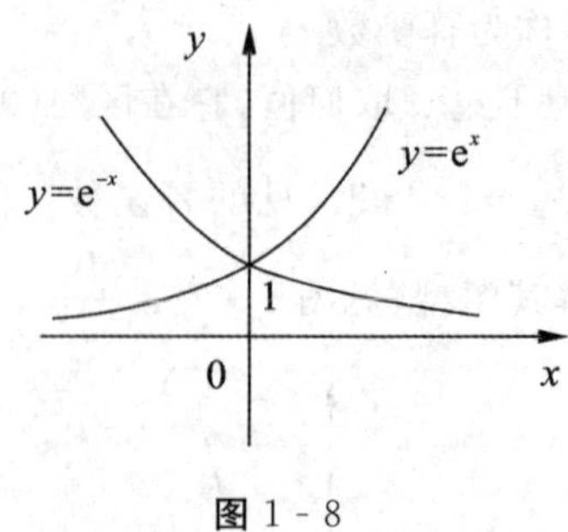


图 1-8

指数函数 $y = a^x (a > 0$，且 $a \neq 1)$，当 $0 < a < 1$ 时，是单调递减的；当 $a > 1$ 时，是单调递增的.

## 四、对数函数

假如 2013 年我国的 GDP 为 $a$ 亿元，每年平均增长 8%，那么几年后 GDP 是 2013 年的 5 倍？

解：根据题意得

$a(1+8\%)^x = 5a$，即$(1+8\%) = 5$，问 $x$ 是多少年？

类似这样的问题，已知底数和幂值求指数，就需要用对数来解决.

形如 $y = \log_a x (a > 0, a \neq 1, x > 0)$ 为对数函数，定义域为$(0, +\infty)$，值域为$(-\infty, +\infty)$.

当 $a = 10$ 时，简记为 $y = \lg x$，称为常用对数；

当 $a = e$ 时，简记为 $y = \ln x$，称为自然对数.

在高等数学中，常使用自然对数，其图形如图 1-9 所示.

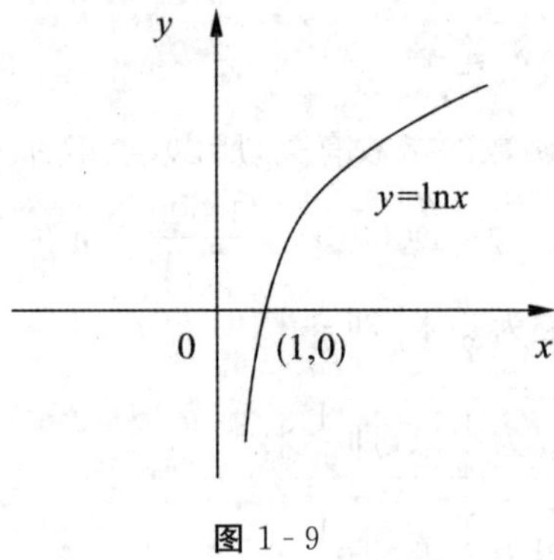


图 1-9

自然对数有特征如下：

(1) 定义域是$(0, +\infty)$.

(2) 图形过点(1,0).

(3) 当 $0 < x < 1$ 时，$y < 0$；当 $x > 1$ 时，$y > 0$.

(4) $y = \ln x$ 是单增函数. 一般对数函数 $y = \log_a{}^x (a > 0, a \neq 1)$，其单调性分以下情况.

(1)当 $0<a<1$ 时,对数函数 $y=\log_a x$ 的函数值,随 $x$ 的增大而减少,即在 $x\in(0,+\infty)$ 上,对数函数 $y=\log_a x$ 是单调递减的.

(2)当 $a>1$ 时,对数函数 $y=\log_a x$ 的函数值,随 $x$ 的增大而增加,即在 $x\in(0,+\infty)$ 上,对数函数 $y=\log_a x$ 是单调递增的.

## 五、三角函数

**(一)正弦函数** $y=\sin x$

定义域为$(-\infty,+\infty)$,值域为$[-1,1]$;奇函数;周期函数.

**(二)余弦函数** $y=\cos x$

定义域为$(-\infty,+\infty)$,值域为$[-1,1]$;偶函数;周期函数.

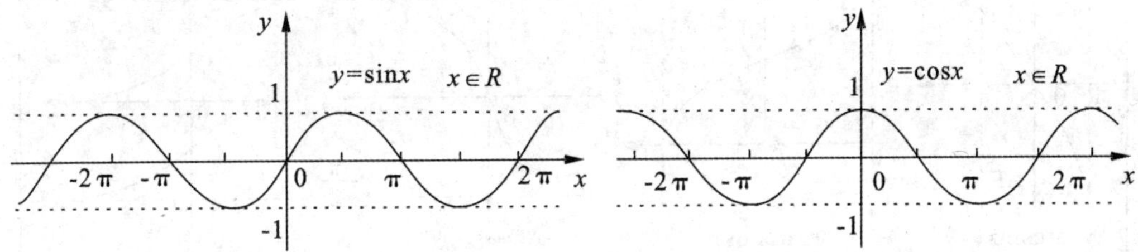


图 1-10

**(三)正切函数** $y=\tan x$

定义域为 $x\neq\frac{\pi}{2}+k\pi(k\in Z)$,值域为$(-\infty,+\infty)$;奇函数;周期函数.

**(四)余切函数** $y=\cot x$

定义域为 $x\neq k\pi(k\in Z)$,值域为$(-\infty,+\infty)$;奇函数;周期函数.

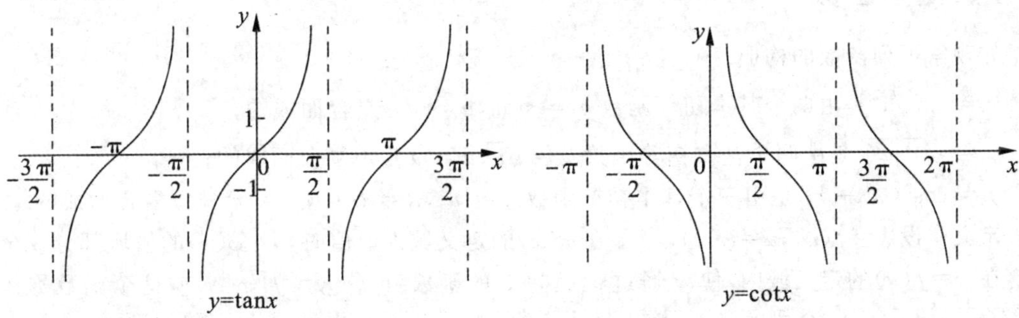


图 1-11

**(五)正割函数** $y=\sec x=\frac{1}{\cos x}$

**(六)余割函数** $y=\csc x=\frac{1}{\sin x}$

## 六、反三角函数

反正弦函数：$y=\arcsin x(-1\leqslant x\leqslant 1,-\frac{\pi}{2}\leqslant y\leqslant\frac{\pi}{2})$.

反余弦函数：$y=\arccos x(-1\leqslant x\leqslant 1,0\leqslant y\leqslant\pi)$.

反正切函数：$y=\arctan x(-\infty\leqslant x\leqslant+\infty,-\frac{\pi}{2}\leqslant y\leqslant\frac{\pi}{2})$.

反余切函数：$y=\operatorname{arccot} x(-\infty\leqslant x\leqslant+\infty,0\leqslant y\leqslant\pi)$.

反三角函数的图形如图 1-12 所示.

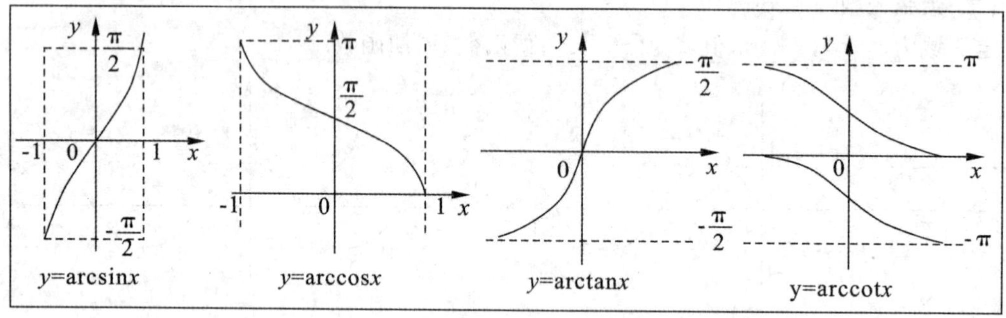


图 1-12

## 七、基本初等函数

把常数函数、幂函数、指数函数、对数函数、三角函数、反三角函数统称为基本初等函数.

## 八、复合函数

先观察下列函数的构成.

$y=\sin\sqrt{x}$ 是由两个基本初等函数 $y=\sin u,u=\sqrt{x}$ 复合而成的；

$y=\sqrt{x-1}$ 是由两个基本初等函数 $y=\sqrt{u},u=x-1$ 复合而成的；

$y=\cos^2(x^2+1)$ 是由三个基本初等函数 $y=u^2,u=\cos v,v=x^2+1$ 复合而成的.

**定义** 设 $y=f(u),u=\varphi(x)$，当 $x$ 在 $\varphi(x)$ 的定义域内取值时，$u=\varphi(x)$ 的值域部分或全部都落在 $y=f(u)$ 的定义域内，使 $y$ 通过 $u$ 成为 $x$ 的函数. 记作 $y=f[\varphi(x)]$，这个函数称作由 $y=f(u),u=\varphi(x)$ 复合成的函数，简称复合函数. 其中，$x$ 是自变量，$u$ 是中间变量.

注意：并不是所有的基本初等函数都可以复合构成一个复合函数.

例如，$y=\sqrt{1-u^2},u=x^2+2$ 是不能复合的。因为对于 $x$ 的任何值，相对应的 $u$ 值都在 $y=\sqrt{1-u^2}$ 的定义域$[-1,1]$之外.

又如，$y=\ln u$ 与 $u=-1-x^2$ 不能构成复合函数。因为 $u=-1-x^2$ 的值域与 $y=\ln u$ 的定义域无公共部分.

而 $y=\sqrt{e^{\arcsin x}-1}$ 是由 $y=\sqrt{u},u=e^v-1,v=\arcsin x$ 复合而成的复合函数.

## 九、初等函数

由基本初等函数经过有限次四则运算和有限次复合之后所构成的并能用一个解析式表示的函数称为初等函数.

例如，$y = 2x^2 + 1, y = \ln(x + \sqrt{1 + x^2}), y = \dfrac{\cos 2x}{\sqrt{1 + x^2}}$ 等都是初等函数.

今后主要研究的是初等函数.

(1)分段函数，如

$$F(x) = \begin{cases} \dfrac{\sin x}{x}, x \neq 0 \\ x + 1, x = 0 \end{cases}$$

不能用一个解析式表示，所以分段函数不是初等函数.

(2)又如，$f(x) = 1 + e^x + e^{2x} + e^{3x} + \cdots$ 是基本初等函数的无限次运算，所以不是初等函数.

### 习题 1.4

1. 写出六种基本初等函数的解析式，并指出它们的定义域、值域.

2. 下列各函数是由哪些基本初等函数复合成的？

(1) $y = \sin 5x$　　(2) $y = \cos^2 6x$

(3) $y = \ln(3x + 1)$　　(4) $y = \sqrt{\tan \dfrac{x}{2}}$

(5) $y = (1 + \ln x)^2$　　(6) $y = \lg^2 \arcsin x^2$

(7) $u = \sqrt{\ln \sqrt{x}}$　　(8) $y = \sin^2(x + \dfrac{\pi}{2})$

3. 下列函数，哪些是初等函数？

(1) $y = \dfrac{x + 1}{y + 1}$　　(2) $y = \begin{cases} \dfrac{x + 1}{x - 1}, x \neq 1 \\ 0, x = 1 \end{cases}$

(3) $y\left[\dfrac{\ln(x^2 + 1)}{\sin(e^x - 1)}\right]^2$　　(4) $y = \sqrt{\dfrac{x^2 + 1}{x - 1}}$

4. 判别下列函数哪些是复合函数.

(1) $y = (\dfrac{1}{2})^2$　　(2) $y = \arcsin(x + 2)$

(3) $y = \sqrt{-(x^2 + 1)}$　　(4) $y = \sqrt{-x^2}$

(5) $y = 1 + \ln(x + 2)$　　(6) $y = \log^2(x^2 + 1)$

5. 在下列各题中，求由所给函数复合而成的函数，并求这些函数分别对应于自变量 $x_1$ 和 $x_2$ 处的函数值.

(1) $y = u^2, u = \sin x, x_1 = \dfrac{\pi}{6}, x_2 = \dfrac{\pi}{3}$

(2) $y=\sin u, u=2x, x_1=\frac{\pi}{8}, x_2=\frac{\pi}{4}$

(3) $y=\sqrt{u}, u=1+x^2, x_1=1, x_2=2$

(4) $y=2e^u, u=x+1, x_1=0, x_2=1$

(5) $y=\ln u, u=x+1, x_1=0, x_2=9$

6. 判断题.

(1) $y=\sqrt{x^2}$ 与 $y=x$ 是相同函数.

(2) $y=(2^x+2^{-x})\ln(x+\sqrt{1+x^2})$ 是奇函数.

(3) $y=x^2(x>0)$ 是偶函数.

(4) 两个单调增函数之和仍为单调增函数.

(5) 函数 $f(x)=2\sin x$ 是基本初等函数.

(6) 函数 $f(x)=\sin\sqrt{1-x}$ 的复合过程是 $f(x)=u, u=\sqrt{1-x}$.

7. 填空题.

(1) 函数 $y=f(x)$ 与其反函数 $y=\varphi(x)$ 的图形关于__________对称.

(2) $y=\frac{2^x}{2^x+1}$ 的反函数为____________________.

(3) 函数 $f(x)=\frac{\ln(x+1)}{2x-4}$ 的定义域____________________.

(4) 函数 $f(x)=e^{\sin 2x}$ 的复合过程是____________________.

(5) $y=\sin^2 e^x$ 是由简单函数____________________复合而成.

8. 选择题.

(1) 下列函数中既是奇函数又是单调增函数的是(　　).

A. $y=\sin^3 x$　　B. $y=x^3+1$　　C. $y=x^3+x$　　D. $y=x^3-x$

(2) 设 $f(x)=4x^2+bx+5$,若 $f(x+1)-f(x)8x+3$ 则 $b$ 应为(　　).

A. 1　　B. $-1$　　C. 2　　D. $-2$

(3) $f(x)=\sin(x^2-x)$ 是(　　).

A. 有界函数　　B. 周期函数　　C. 奇函数　　D. 偶函数

(4) 函数 $f(x)=\ln(x+\sqrt{x^2+1})$ 是(　　).

A. 奇函数　　B. 偶函数　　C. 非奇非偶函数　　D. 不能确定.

(5) 常数函数、幂函数、指数函数、对数函数、三角函数和反三角函数统称为(　　).

A. 函数　　B. 初等函数　　C. 基本初等函数　　D. 复合函数

# 第二章　极限与连续

1. 了解极限的概念.
2. 掌握极限的运算法则.
3. 会运用两个重要极限.
4. 了解函数的连续性.

我国古代数学名著《九章算术》的论割圆术中有“割之弥细，所失弥少，割之又割，以至于不可割，则与圆合体而无所失矣”体现了一种无限与有限的转化过程.

极限是研究变量变化趋势的重要工具，高等数学的许多概念，如函数的无穷大(小)、函数的连续性、函数的导数、函数的定积分等概念，都是以极限为基础的.

## 2.1　数列的极限

无穷多个数按照某种规律依次排列下去，就构成一个数列.

$$x_1, x_2, x_3, \cdots, x_n, \cdots$$

其中第 $n$ 项 $x_n$ 称为该数列的通项.

**例 1**　通项 $x_n=(-1)^{n+1}$，数列为 $1,-1,1,-1,\cdots$

**例 2**　通项 $x_n=\frac{1}{n}$，数列为 $\frac{1}{1},\frac{1}{2},\frac{1}{3},\frac{1}{4},\cdots$

**例 3**　通项 $x_n=2n$，数列为 $2,2\times2,2\times3,2\times4,\cdots$

**例 4**　通项 $x_n=\frac{1}{3^n}$，数列为 $\frac{1}{3},\frac{1}{3^2},\frac{1}{3^3},\frac{1}{3^4},\cdots$

现在要研究的问题是给定一个数列 $\{x_n\}$，当 $n$ 无限增加时，通项 $x_n$ 的变化趋势是什么？

易知：当 $n$ 无限增加时，例 1 中的数列始终在 1 和 $-1$ 两者之间来回跳动；例 2 中的数列趋近 0；例 3 中的数列趋于正无穷大；例 4 中的数列趋近 0.

**定义 1**　对于数列 $\{x_n\}$，如果 $n$ 无限增大时，$x_n$ 无限趋近于某个确定的常数 $A$，则称 $A$ 为数列 $\{x_n\}$ 的极限.

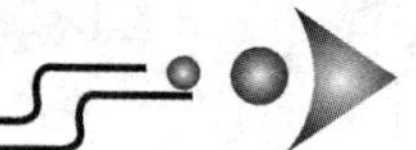

记作　$\lim\limits_{n\to\infty}=A$ 或 $x_n\to A(n\to\infty)$

若数列有极限,则称此数列收敛;若数列的极限不存在,则称该数列发散.

据以上定义,可以把上面的例题依次写为以下几种方式。

(1) $\lim\limits_{n\to\infty}(-1)^{n+1}$ 不存在,数列发散.

(2) $\lim\limits_{n\to\infty}\dfrac{1}{n}=0$,数列收敛.

(3) $\lim\limits_{n\to\infty}2n$ 不存在,数列发散.

(4) $\lim\limits_{n\to\infty}\dfrac{1}{3^n}=0$,数列收敛.

下面,我们不加证明地指出数列极限的一些重要性质.

**性质 1**　若一个数列有极限,则此极限是唯一的。(证略)

**性质 2**　有极限的数列一定有界。(证略)

**推论**　无界数列必定发散.

### 习题 2.1

1. 写出下列数列 $\{x_n\}$ 的前 6 项.

(1) $x_n=\dfrac{1}{n-1}$　　　　(2) $x_n=\sin\dfrac{n\pi}{6}$

2. 已知数列的前四项,写出下列数列的通项 $x_n$.

(1) $\dfrac{1}{2},\dfrac{1}{2^2},\dfrac{1}{2^3},\dfrac{1}{2^4},\cdots$　　　　(2) $1,2,3,4,\cdots$

(3) $0,\dfrac{1}{2},\dfrac{2}{3},\dfrac{3}{4},\cdots$　　　　(4) $0,1,0,1\cdots$

3. 观察下列数列,当 $n\to\infty$ 时,是否存在极限;若存在,写出极限.

(1) $x_n=\dfrac{n}{n+2}$　　　　(2) $x_n=1+\dfrac{1}{n^2}$

(3) $x_n=(-1)^n$　　　　(4) $x_n=(-1)^n+\dfrac{1}{n}$

4. 求极限.

(1) $\lim\limits_{n\to\infty}\dfrac{\sqrt{n^2-1}+1}{n}$　　　　(2) $\lim\limits_{n\to\infty}\dfrac{3n^2+n+1}{2n^2-5n-1}$

# 2.2　函数的极限

## 一、当 $x\to\infty$ 时,函数 $f(x)$ 的极限

**定义 1**　设函数 $f(x)$ 在 $(a,+\infty)$ 内有定义,当 $x$ 无限增加时,$f(x)$ 无限趋近某个确定的常数 $A$,则称 $A$ 为 $f(x)$ 当 $x\to+\infty$ 时的极限,记作 $\lim\limits_{x\to+\infty}f(x)=A$ 或 $f(x)\to A(x\to+\infty)$.

**例 1** $f(x)=\frac{1}{x}$，在 $x\to+\infty$ 时，$f(x)\to 0$，

记作 $\lim\limits_{x\to+\infty}\frac{1}{x}=0$.

**定义 2** 设函数 $f(x)$ 在 $(-\infty,a)$ 内有定义，当 $|x|$ 无限增加时，$f(x)$ 无限趋近某个确定的常数 $A$，则称 $A$ 为 $f(x)$ 当 $x\to-\infty$ 时的极限，记作 $\lim\limits_{x\to-\infty}f(x)=A$ 或 $f(x)\to A(x\to-\infty)$.

**例 2** 函数 $f(x)=e^x$，画出图形，并求 $\lim\limits_{x\to-\infty}f(x)$

解：$f(x)$ 的图形如图 2 - 1 所示，

$\lim\limits_{x\to-\infty}f(x)=\lim\limits_{x\to-\infty}e^x=0$

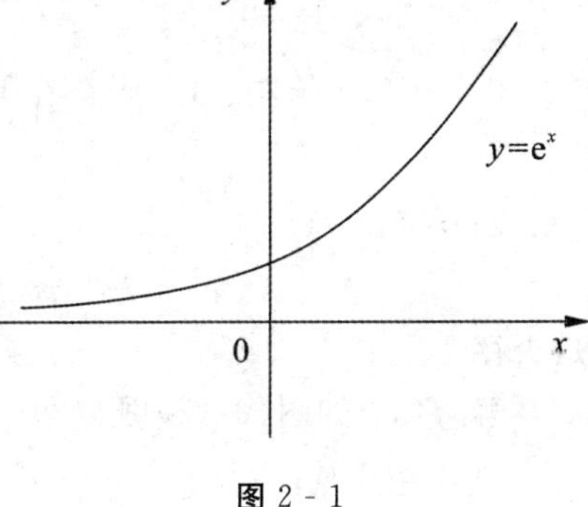

图 2 - 1

**定义 3** 如果 $|x|$ 无限增大时，函数 $f(x)$ 趋近一个确定的常数 $A$，则称 $A$ 为函数 $f(x)$ 当 $x\to\infty$ 时的极限，记作 $\lim\limits_{x\to\infty}f(x)-A$ 或 $f(x)\to A(x\to\infty)$.

**例 3** $f(x)=\frac{1}{x^2}$，在 $x\to\infty$ 时，$f(x)\to 0$，

记作 $\lim\limits_{x\to\infty}\frac{1}{x^2}=0$.

## 二、当 $x\to x_0$ 时，函数 $f(x)$ 的极限

**定义 4** 设函数 $f(x)$ 在 $x_0$ 的某个邻域（点 $x_0$ 可以除外）有定义，若当 $x$ 趋近 $x_0$（但 $\neq x_0$）时，$f(x)$ 趋近某个确定的常数 $A$，则称 $A$ 为函数 $f(x)$ 当 $x\to x_0$ 时的极限，记作 $\lim\limits_{x\to x_0}f(x)=A$ 或 $f(x)\to A(x\to x_0)$.

**例 4** (1) $\lim\limits_{x\to x_0}c=c$

(2) $\lim\limits_{x\to x_0}x=x_0$

(3) $\lim\limits_{x\to x_0}x^2=x_0^2$

(4) $\lim\limits_{x\to x_0}\sin x=\sin x_0$

思考：

(1) $\lim\limits_{x\to 2017}1=$?

(2) $\lim\limits_{x\to 2017}x=$?

(3) $\lim\limits_{x\to x_0}\cos x=$?

(4) 六类基本初等函数在其定义域 $D$ 内任一点 $x_0$ 处的极限值等于相应的函数值 $f(x_0)$，这种说法对吗？

## 三、单侧极限

**定义 5** 若当 $x$ 从右（左）侧趋近 $x_0$ 时，函数 $f(x)$ 趋近一个确定的常数 $A$，则称 $A$ 为 $x$ 趋于 $x_0$ 时，函数 $f(x)$ 的右（左）极限，记作 $\lim\limits_{x\to x_0^+}f(x)=A$（或 $\lim\limits_{x\to x_0^-}=A$），或者 $f(x_0+0)=A$（或 $f(x_0-0)=A$）.

左极限和右极限统称为单侧极限.

**定理** $\lim\limits_{x\to x_0} f(x)=A$ 充要条件是 $\lim\limits_{x\to x_0^+} f(x)=\lim\limits_{x\to x_0^-} f(x)=A$

**例 5** 设 $f(x)=\begin{cases}1, x\leqslant 0\\ \sin x, x>0\end{cases}$，$\lim\limits_{x\to x_0} f(x)$ 是否存在？

解：当 $x>0$ 时，$\lim\limits_{x\to 0^+} f(x)=\lim\limits_{x\to 0^+}\sin x=0$，

当 $x<0$ 时，$\lim\limits_{x\to 0^-} f(x)=1$，

由于 $f(x)$ 的左、右极限存在但不相等，所以 $\lim\limits_{x\to 0} f(x)$ 不存在.

**例 6** 设 $f(x)=\begin{cases}x-1, x<0\\ 0, x=0\\ x+1, x>0\end{cases}$，作出函数图形并判断 $\lim\limits_{x\to 0} f(x)$ 是否存在.

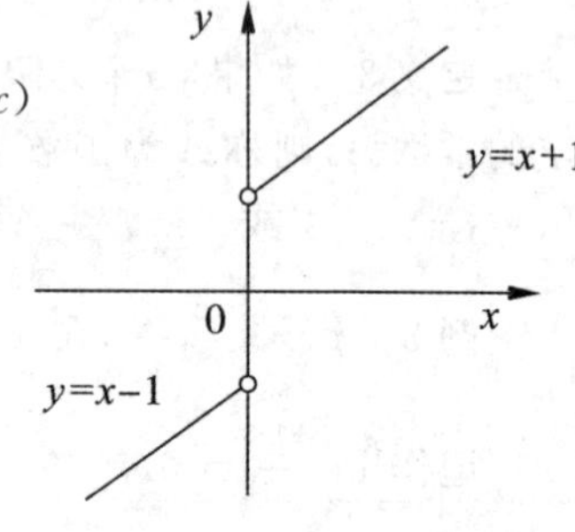

图 2-2

解：$f(x)$ 如图(2-2) 所示，

当 $x>0$ 时，$\lim\limits_{x\to 0^+}(x+1)=1$，

当 $x<0$ 时 $\lim\limits_{x\to 0^-}(x-1)=-1$，

由于 $f(0+0)\neq f(0-0)$，故 $x\to 0$ 时，极限 $\lim\limits_{x\to 0} f(x)$ 不存在.

## 习题 2.2

1. 观察下列函数的极限并填空.

(1) $\lim\limits_{x\to+\infty}\ln x=($ $\quad$ $)$ $\qquad$ (2)(1) $\lim\limits_{(\quad)}\arcsin x=\dfrac{\pi}{2}$

(3) $\lim\limits_{x\to\infty} e^x=($ $\quad$ $)$ $\qquad$ (4) $\lim\limits_{x\to 2}(x+1)=($ $\quad$ $)$

2. 分别作出下列分段函数 $f(x)$ 的图形，并判断当 $x\to 0$ 时，$f(x)$ 的极限是否存在.

(1) $f(x)=\begin{cases}2^x, x\geqslant 0\\ x+1, x<0\end{cases}$ $\qquad$ (2) $f(x)=\begin{cases}x^2, x>0\\ 1, x\leqslant 0\end{cases}$

3. 设函数 $f(x)=\begin{cases}3x, 0\leqslant x<1\\ 3-x, 1\leqslant x\leqslant 2\end{cases}$，作出函数的图形，求出 $\lim\limits_{x\to 1^+} f(x)$ 和 $\lim\limits_{x\to 1^-} f(x)$，并说明当 $x\to 1$ 时，函数 $f(x)$ 的极限是否存在.

4. 设函数 $f(x)=\dfrac{|x|}{x}$，求 $f(x)$ 在 $x\to 0$ 时的左、右极限，并说明 $f(x)$ 在 $x\to 0$ 时，极限是否存在.

# 2.3 无穷小与无穷大

## 一、无穷小

**定义 1** 若 $x\to x_0$（或 $x\to\infty$）时，函数 $f(x)$ 趋近 0，则称 $f(x)$ 为当 $x\to x_0$（或 $x\to\infty$）

时的无穷小量，简称无穷小.

无穷小常用 $\alpha,\beta,\gamma$ 等表示.

**例 1**　$2x,x^2,\sin x$ 均是当 $x\to 0$ 时的无穷小量.

无穷小有以下重要性质。

**性质 1**　有限个无穷小的代数和是无穷小.

注意：无穷多个无穷小之和未必是无穷小，如 $\lim\limits_{x\to+\infty}(\frac{1}{n^2}+\frac{2}{n^2}+\cdots+\frac{n}{n^2})=\frac{1}{2}$.

**性质 2**　有限个无穷小的乘积仍是无穷小.

**性质 3**　无穷小与有界函数的乘积仍是无穷小.

**推论**　常数与无穷小量的乘积仍是无穷小.

**例 2**　证明 $f(x)=\frac{\sin x}{x}$，当 $x\to\infty$ 时为无穷小.

解：因为 $|\sin x|\leqslant 1$，所以 $\sin x$ 是有界函数.

而 $\lim\limits_{x\to\infty}\frac{1}{x}=0$，所以 $\frac{1}{x}$ 是当 $x\to\infty$ 时的无穷小.

由性质 3 可知 $f(x)=\frac{\sin x}{x}$ 是当 $x\to\infty$ 时的无穷小.

**定理 1**　函数 $f(x)$ 当 $x\to x_0$（或 $x\to\infty$）时以 $A$ 为极限的充要条件是 $f(x)-A=\alpha(x)$，其中 $\alpha(x)$ 是无穷小，

$$\text{即}\lim f(x)=A\Longleftrightarrow f(x)=A+\alpha(x)$$

据此定理，函数 $f(x)$ 如果有极限 $A$，则函数 $f(x)$ 就可以表示为 $A$ 与一个无穷小 $\alpha(x)$ 之和：即 $f(x)=A+\alpha(x)$.（证略）

## 二、无穷大

**定义 2**　当 $x\to x_0$（或 $x\to\infty$）时，$|f(x)|$ 无限增大，则称 $f(x)$ 为 $x\to x_0$（或 $x\to\infty$）时的无穷大量，简称无穷大。记作 $\lim f(x)=\infty$.

**例 3**　当 $x\to\infty$ 时，$x^2\to+\infty$.

**例 4**　当 $x\to(\frac{\pi}{2})^+$ 时，$\tan x\to-\infty$.

**例 5**　当 $x\to 0$ 时，$\frac{1}{x^2}\to\infty$.

注意：无穷大是一个变量，不能与“很大的数”（如 $100^{1\,000}$）混为一谈。一个变量是否为无穷大，是有条件的，即当 $x\to x_0$（或 $x\to\infty$）时，这个变量（函数）要趋于无穷大.

## 三、无穷小与无穷大的关系

**定理 2**　在 $x\to x_0$（或 $x\to\infty$）的同一变化过程中，

若 $f(x)$ 是无穷大，则 $\frac{1}{f(x)}$ 为无穷小；

若 $f(x)$ 是无穷小，且 $f(x)\neq 0$，则 $\frac{1}{f(x)}$ 为无穷大.

**例 6**　$f(x)=x^2-1$.

当 $x \to 1, f(x) = x^2 - 1 \to 0$,而$\dfrac{1}{f(x)} = \dfrac{1}{x^2 - 1} \to \infty$;

当 $x \to \infty$ 时,$f(x) = x^2 - 1 \to \infty$,而$\dfrac{1}{f(x)} = \dfrac{1}{x^2 - 1} \to 0$.

### 习题 2.3

1. 下列说法是否正确?为什么?

(1) 无穷小是比 0.000 001 还要小的数.

(2) 无穷小就是 0.

(3) 无穷大是比 $10^{1\,000}$ 还要大的数.

2. 下列函数中,哪些是无穷小?哪些是无穷大?

(1) $\dfrac{x+1}{x}$(当 $x \to 0$ 时)　　(2)$e^x$(当 $x \to 0$ 时)

(3)$\ln x$(当 $x \to 0^+$ 时)　　(4)$\sin x$(当 $x \to 0$ 时)

3. 当 $x \to$?时,下列函数是无穷小.

(1) $\sqrt{x-1}$　　(2)$1 - \sin x$

(3)$2^x - 1$　　(4)$\log_2 x$

## 2.4　极限的运算法则

**定理**　若$\lim f(x) = A, \lim g(x) = B$,

则 (1) $\lim[f(x) \pm g(x)] = \lim f(x) \pm \lim g(x) = A \pm B$;

(2) $\lim[f(x) \cdot g(x)] = \lim f(x) \cdot \lim g(x) = A \cdot B$;

(3) $\lim \dfrac{f(x)}{g(x)} = \dfrac{\lim f(x)}{\lim g(x)} = \dfrac{A}{B}$,其中 $B \neq 0$.

推论:(1) $\lim[cf(x)] = c\lim f(x) = cA$ 其中 $c$ 是常数;

(2) $\lim[f(x)]^n = [\lim f(x)]^n = A^n$ 其中 $n$ 是正整数.

**例 1**　求 $\lim\limits_{x \to 2017}(x+1)$.

解:$\lim\limits_{x \to 2017}(x+1) = \lim\limits_{x \to 2017} x + \lim\limits_{x \to 2017} 1 = 2017 + 1 = 2018$.

**例 2**　求$\lim\limits_{x \to 2}(x^2 + 3x - 1)$.

解:$\lim\limits_{x \to 2}(x^2 + 3x - 1) = \lim\limits_{x \to 2} x^2 + \lim\limits_{x \to 2} 3x - \lim\limits_{x \to 2} 1 = 2^2 + 3 \times 2 - 1 = 9$.

思考:$\lim\limits_{x \to \infty}(x^2 + 3x - 1) = ?$

总结:求多项式函数 $p_n(x)$ 当 $x \to x_0$ 时的极限时,只要把 $x_0$ 代替 $x$ 即可;另,当 $x \to \infty$ 时,多项式函数 $p_n(x) \to \infty$.

**例 3**　求$\lim\limits_{x \to 0}\dfrac{x^2+2}{2x+1}$.

解:因为分母的极限$\lim\limits_{x \to 0}(2x+1) = 1 \neq 0$,

由法则(3)可知　原式$=\dfrac{\lim\limits_{x\to 0}(x^2+2)}{\lim\limits_{x\to 0}(2x+1)}=2$.

**例 4**　求 $\lim\limits_{x\to 1}\dfrac{3x-3}{x^3-1}$.

分析:在 $x\to 1$ 时,分子、分母均趋向于 0,是“$\dfrac{0}{0}$”型,极限不确定,法则(3) 不能使用.

但是,我们可以把分子、分母因式分解,将极限为零的因子 $x-1$ 消去,然后再求极限。这种方法称为“消零因子法”.

解:$\lim\limits_{x\to 1}\dfrac{3x-3}{x^3-1}=\lim\limits_{x\to 1}\dfrac{3(x-1)}{(x-1)(x^2+x+1)}=\lim\limits_{x\to 1}\dfrac{3}{x^2+x+1}$

$$=\frac{\lim\limits_{x\to 1}3}{\lim\limits_{x\to 1}(x^2+x+1)}=1.$$

**例 5**　求 $\lim\limits_{x\to 1}\dfrac{x-5}{x^2-4x+4}$.

解:由于$\lim\limits_{x\to 2}(x^2-4x+4)=0$,$\lim\limits_{x\to 2}(x-5)=-3$,

根据无穷小与无穷大的关系知:$\lim\limits_{x\to 2}\dfrac{x-3}{x^2-4x+4}=\infty$.

**例 6**　求 $\lim\limits_{x\to\infty}\dfrac{3x^2+x}{x^2}$.

分析:由于 $x\to\infty$ 时,分子、分母均趋向于 $\infty$,是$\dfrac{\infty}{\infty}$ 型,极限不确定,法则(3) 不能使用.

此时,将分子、分母同除以 $x^2$,再求解.

解:$\lim\limits_{x\to\infty}\dfrac{3x^2+x}{x^2}=\lim\limits_{x\to\infty}(3+\dfrac{1}{x})=\lim\limits_{x\to\infty}3+\lim\limits_{x\to\infty}\dfrac{1}{x}=3$.

**例 7**　求 $\lim\limits_{x\to\infty}\dfrac{2x^3+x}{x^2+1}$.

解:先将分子、分母同除以 $x^3$,再计算,

得$\lim\limits_{x\to\infty}=\dfrac{2x^3+x}{x^2+1}=\lim\limits_{x\to\infty}\dfrac{2+\dfrac{1}{x^2}}{\dfrac{1}{x}+\dfrac{1}{x^3}}=\infty$.

**例 8**　求 $\lim\limits_{x\to\infty}\dfrac{2x+1}{x^2+3}$.

解:先将分子、分母同除以 $x^2$,再计算,

得$\lim\limits_{x\to\infty}=\dfrac{2x+1}{x^2+3}=\lim\limits_{x\to\infty}\dfrac{\dfrac{2}{x}+\dfrac{1}{x^2}}{1+\dfrac{3}{x^2}}=0$.

思考:例 6、例 7、例 8 告诉我们一个什么规律呢?

**例 9**　求 $\lim\limits_{x\to 1}(\dfrac{1}{x-1}-\dfrac{2}{x^2-1})$.

分析:当 $x\to 1$ 时,$\dfrac{1}{x-1}$ 和$\dfrac{2}{x^2-1}$ 均趋于 $\infty$,不能用法则(1),

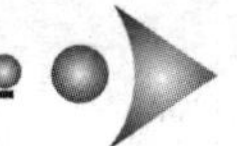

但可以先通分,再计算.

解:$\lim\limits_{x\to1}(\frac{1}{x-1}-\frac{2}{x^2-1})=\lim\limits_{x\to1}\frac{x+1-2}{x^2-1}=\lim\limits_{x\to1}\frac{x-1}{x^2-1}=\lim\limits_{x\to1}\frac{1}{x+1}=\frac{1}{2}$.

**例** 10　$\lim\limits_{x\to0}\frac{\sqrt{1-x}-1}{x}$.

分析:当 $x\to0$ 时,分子 $\sqrt{1-x}-1\to0$,分母 $x\to0$,是"$\frac{0}{0}$"型,极限不确定,法则(3)不能使用.

但是,我们可以先进行"根式有理化",再来求极限.

解:$\lim\limits_{x\to0}\frac{\sqrt{1-x}-1}{x}=\lim\limits_{x\to0}\frac{-x}{(\sqrt{1-x}+1)}=\lim\limits_{x\to0}\frac{-1}{\sqrt{1-x}+1}=-\frac{1}{2}$.

**例** 11　求 $\lim\limits_{x\to\infty}\frac{\cos x}{x}$.

解:当 $x\to\infty$ 时,分子、分母的极限都不存在,不能用法则(3);

但,$x\to\infty$ 时,$\frac{1}{x}$ 是无穷小,$\cos x$ 是有界函数,由无穷小的性质(3);

得 $\lim\limits_{x\to\infty}\frac{\cos x}{x}=\lim\limits_{x\to\infty}\frac{1}{x}\cdot\cos x=0$.

综上所述,在运用极限的四则运算法则时,一定要注意条件,尤其是商的运算。越是"繁杂"的情况,越能培养我们"辨析"问题的能力.

极限这个概念是本书的基础和重点之一,后面将提到:导数是比值的极限、定积分是和式的极限、收敛的无穷级数是其前 $n$ 项部分和数列的极限等。18 世纪末,d'Alembert 说:极限、极限论是微积分的真正抽象……

当然,极限这个概念并不容易理解,人类在创立这个概念的过程中也经过很多争论。18 世纪,对微积分最强的攻击来自 Berkeley 主教,他害怕机械论和决定论对宗教日益增长的威胁,他说:导数既不是有限量也不是无穷小量,但又不是无…只不过是消失了量的鬼魂……

但 d'Alembert 告诫学习微积分的学生们:"坚持,你就会有信心".

## 习题 2.4

1. 求极限

(1) $\lim\limits_{x\to0}(5x^2-x+1)$　　(2) $\lim\limits_{x\to2}(x^2-1)(3x^2+1)$

(3) $\lim\limits_{x\to1}\frac{x^2+x}{x+1}$　　(4) $\lim\limits_{x\to2}\frac{x^2-4}{x-2}$

(5) $\lim\limits_{x\to1}\frac{x^2+x}{x-1}$　　(6) $\lim\limits_{x\to\infty}\frac{3x^2+x}{5x^2-1}$

(7) $\lim\limits_{x\to\infty}\frac{3x^4+x}{x^2-1}$　　(8) $\lim\limits_{x\to\infty}\frac{2x+1}{x^2-1}$

(9) $\lim\limits_{x\to2}(\frac{1}{x-2}-\frac{2}{x^2-4})$　　(10) $\lim\limits_{x\to0}\frac{\sqrt{1+x}-1}{x}$

(11) $\lim\limits_{x\to 0} x\sin\dfrac{1}{x}$　　(12) $\lim\limits_{x\to +\infty}\dfrac{e^x+e^{-x}}{e^x-e^{-x}}$

(13) $\lim\limits_{n\to\infty}\left(\dfrac{1}{n^2}+\dfrac{2}{n^2}+\cdots+\dfrac{n}{n^2}\right)$　　(14) $\lim\limits_{x\to\infty}\dfrac{(n+1)(n+2)(n+3)}{4n^3}$

(15) $\lim\limits_{x\to\infty}(\sqrt{x^2+x+1}-\sqrt{x^2-x+1})$

# 2.5　两个重要极限

## 一、第一个重要极限 $\lim\limits_{x\to 0}\dfrac{\sin x}{x}=1$

**例 1**　求 $\lim\limits_{x\to 0}\dfrac{\sin 2x}{x}$.

解：$\lim\limits_{x\to 0}\dfrac{\sin 2x}{x}=\lim\limits_{x\to 0}2\cdot\dfrac{\sin(2x)}{(2x)}=2\lim\limits_{2x\to 0}\dfrac{\sin 2x}{2x}=2\lim\limits_{t\to 0}\dfrac{\sin t}{t}=2.$

**例 2**　求 $\lim\limits_{x\to 0}\dfrac{\tan x}{x}$.

解：$\lim\limits_{x\to 0}\dfrac{\tan x}{x}=\lim\limits_{x\to 0}\dfrac{\sin x}{x\cos x}=\lim\limits_{x\to 0}\dfrac{\sin x}{x}\lim\limits_{x\to 0}\dfrac{1}{\cos x}=1.$

**例 3**　求 $\lim\limits_{x\to 0}\dfrac{1-\cos x}{x}$.

解：$\lim\limits_{x\to 0}\dfrac{1-\cos x}{x}=\lim\limits_{x\to 0}\dfrac{\sin\left(\dfrac{x}{2}\right)}{\left(\dfrac{x}{2}\right)}\cdot\sin\dfrac{x}{2}=\lim\limits_{x/2\to 0}\dfrac{\sin\left(\dfrac{x}{2}\right)}{\left(\dfrac{x}{2}\right)}\cdot\lim\limits_{x\to 0}\sin\dfrac{x}{2}=1\times 0=0,$

第一个重要极限更一般的结论为 $\lim\limits_{f(x)\to 0}\dfrac{\sin f(x)}{f(x)}=1$.

## 二、第二个重要极限 $\lim\limits_{x\to\infty}\left(1+\dfrac{1}{x}\right)^x=e\,(1^\infty\text{型})$

若令 $t=\dfrac{1}{x}$，则 $x\to\infty$ 时，$t\to 0$，公式改写为 $\lim\limits_{t\to 0}(1+t)^{\frac{1}{t}}$（$1^\infty$ 型）.

**例 4**　求 $\lim\limits_{x\to\infty}\left(1-\dfrac{1}{x}\right)^x$.

解：$\lim\limits_{x\to\infty}\left(1-\dfrac{1}{x}\right)^x=\lim\limits_{-x\to\infty}\left[\left(1+\dfrac{1}{-x}\right)^{-x}\right]^{-1}=\lim\limits_{t\to\infty}\left[\left(1+\dfrac{1}{t}\right)^t\right]^{-1}=e^{-1}.$

**例 5**　求 $\lim\limits_{x\to\infty}\left(1+\dfrac{2}{x}\right)^x$.

解：令 $t=\dfrac{2}{x}$，则 $x=\dfrac{2}{t}$；当 $x\to\infty$ 时，$t\to 0$，

所以 $\lim\limits_{x\to\infty}\left(1+\dfrac{2}{x}\right)^x=\lim\limits_{t\to 0}(1+t)^{\frac{2}{t}}=\lim\limits_{t\to 0}\left[(1+t)^{\frac{1}{t}}\right]^2=e^2.$

**例 6** 求 $\lim\limits_{x\to\infty}(\frac{x}{x+1})^x$.

解：$\lim\limits_{x\to\infty}(\frac{x}{x+1})^x = \lim\limits_{x\to\infty}(\frac{1}{1+\frac{1}{x}})^x = \frac{1}{\lim\limits_{x\to\infty}(1+\frac{1}{x})^x} = e^{-1}$.

**例 7** 求$\lim\limits_{x\to 0}(1+2x)^{\frac{1}{x}}$.

解：$\lim\limits_{x\to 0}(1+2x)^{\frac{1}{x}} = \lim\limits_{2x\to 0}[(1+2x)^{\frac{1}{2x}}]^2 = \lim\limits_{t\to 0}[(1+t)^{\frac{1}{t}}]^2 = e^2$.

第二个重要极限有如下更一般的结论.

(1) $\lim\limits_{f(x)\to\infty}\left[1+\frac{1}{f(x)}\right]^{f(x)} = e$.

(2) $\lim\limits_{f(x)\to 0}[1+f(x)]^{\frac{1}{f(x)}} = e$.

## 习题 2.5

1. 用公式 $\lim\limits_{x\to 0}\frac{\sin x}{x} = 1$ 计算下列极限.

(1) $\lim\limits_{x\to 0}\frac{\sin 2x}{\sin 3x}$ (2) $\lim\limits_{x\to 0}\frac{x}{\tan x}$

(3) $\lim\limits_{x\to 0^+}\frac{\sin^2\sqrt{x}}{x}$ (4) $\lim\limits_{x\to 2\pi}\frac{\sin x}{x-2\pi}$

2. 用公式$\lim\limits_{x\to\infty}\left(1+\frac{1}{x}\right)^x = e$ 计算下列极限.

(1) $\lim\limits_{x\to\infty}(1-\frac{1}{x})^{2x}$ (2) $\lim\limits_{x\to 0}(1-2x)^{\frac{1}{x}}$

(3) $\lim\limits_{x\to\infty}(1+\frac{1}{x})^{\frac{x}{3}}$ (4) $\lim\limits_{x\to\infty}(\frac{1+x}{x})^{2x}$

3. 求极限.

(1) $\lim\limits_{x\to\infty}\frac{(x-1)^{10}(x-2)^{20}}{(x-3)^{30}}$ (2) $\lim\limits_{x\to\infty}\frac{3\sin x+\cos x}{x}$

(3) $\lim\limits_{x\to\infty}(\frac{2x+2}{2x+1})^{2x+1}$ (4) $\lim\limits_{x\to 0}\frac{1-\cos 2x}{x\sin x}$

# 2.6 无穷小的比较

前面我们学习了无穷小的概念、性质，知道两个无穷小的和、差、积仍是无穷小。但是，两个无穷小的商却未必是无穷小.

比如，当 $x\to 0$ 时，$x^2$，$3x$，$\sin x$ 均为无穷小，但是

(1) $\lim\limits_{x\to 0}\frac{x^2}{3x} = 0$.

(2) $\lim\limits_{x\to 0}\frac{3x}{x^2} = \infty$.

(3) $\lim\limits_{x \to 0} \dfrac{3x}{\sin x} = 3$.

(4) $\lim\limits_{x \to 0} \dfrac{\sin x}{x} = 1$.

在近似计算中,常常要考虑误差、运算的繁简等。例如,用两种方法计算同一问题的误差各为 $3h^2$ 和 $5h^3$,当 $h$ 适当小时,后一种计算方法显然比前者好;又若两种方法的运算量各为 $5N^2$ 和 $3N^3$,$N$ 为某正整数,那么在 $N$ 适当大时,后一种方法的运算量显然比前者大。这实际上分别是比较当 $h \to 0$ 时 $3h^2$ 和 $5h^3$ 趋于 0 的快慢问题,以及当 $N \to +\infty$ 时,$5N^2$ 和 $3N^3$ 趋于 $+\infty$ 的快慢问题。下面引进一些术语和记号,来说明这个问题.

**定义** 设 $\alpha$、$\beta$ 是两个无穷小,

(1) 若 $\lim \dfrac{\beta}{\alpha} = 0$,则称 $\beta$ 是比 $\alpha$ 高阶的无穷小,记作 $\beta = O(\alpha)$.

(2) 若 $\lim \dfrac{\beta}{\alpha} = \infty$,则称 $\beta$ 是比 $\alpha$ 低阶的无穷小.

(3) 若 $\lim \dfrac{\beta}{\alpha} = C \neq 0$,则称 $\beta$ 与 $\alpha$ 是同阶无穷小.

(4) 若 $\lim \dfrac{\beta}{\alpha} = 1$,则称 $\beta$ 与 $\alpha$ 是等价无穷小,记作 $\alpha \sim \beta$.

(5) 若以 $\alpha$ 作为基本无穷小量,则当 $\beta$ 与 $\alpha^k$($k$ 为某一正数)为同阶无穷小时,称 $\beta$ 为 $k$ 阶无穷小.

几个常用的等价无穷小.

当 $x \to 0$ 时,

$\sin x \sim x$,　　$\tan x \sim x$,　　$\arcsin x \sim x$,

$\ln(1+x) \sim x$,　　$e^x - 1 \sim x$,　　$1 - \cos x \sim \dfrac{x^2}{2}$,

**定理** 若 $\alpha \sim \alpha^k$,$\beta \sim \beta^k$,则 $\lim \dfrac{\beta}{\alpha} = \lim \dfrac{\beta^k}{\alpha^k}$.

即在求极限的过程中,分子或分母可用其等价无穷小来代替.

**例 1** $\lim\limits_{x \to 0} \dfrac{\sin 2x}{\tan 3x}$.

解:因为当 $x \to 0$ 时,$\sin 2x \sim 2x$,$\tan 3x \sim 3x$,

所以 $\lim\limits_{x \to 0} \dfrac{\sin 2x}{\tan 3x} = \lim\limits_{x \to 0} \dfrac{2x}{3x} = \dfrac{2}{3}$.

注意:等价无穷小的替换只适合乘除运算,对加减情况不适合.

## 习题 2.6

1. 当 $x \to 0$ 时,与 $x$ 相比,哪些是高阶无穷小?哪些是低阶无穷小?哪些是同阶无穷小?哪些是等价无穷小?

(1) $\sqrt{x}$　　(2) $x^4$

(3) $\tan 2x$　　(4) $\dfrac{x}{1-x}$

2. 求$\lim\limits_{x\to 0}\dfrac{e^x-1}{\ln(1+x)}$.

# 2.7 函数的连续性

在我们的生活当中，连续变化的现象很多，如温度随时间的变化而连续地变化，植物随时间增加而连续生长，作自由落体运动的物体在未达到地面前，其下落的距离和速度随时间的增加而连续地变化。在这些不同的现象中，有共同的数学本质：当自变量（时间）的变化很微小时，因变量（温度、高度等）变化也很微小。为了进一步描述函数的连续性，我们先引入下列概念.

## 一、连续的定义

对函数 $y=f(x)$ 而言，当自变量 $x$ 从初值 $x_1$ 变到终值 $x_2$，则 $x_2-x_1$ 称作自变量的增量，记作 $\Delta x$，即 $\Delta x=x_2-x_1$. 相应的，因变量也取得一个增量 $\Delta y=f(x_2)-f(x_1)$.

**定义 1** 函数 $y=f(x)$ 在点 $x_0$ 处自变量的增量为 $\Delta x$，函数相应的增量为 $\Delta y=f(x_0+\Delta x)-f(x_0)$，若当 $\Delta x\to 0$ 时，有 $\lim\limits_{\Delta x\to 0}\Delta y=0$，则称函数 $y=f(x)$ 在点 $x_0$ 处连续（见图 2-3），简称为函数的点连续定义. $x_0$ 点是 $f(x)$ 的连续点.

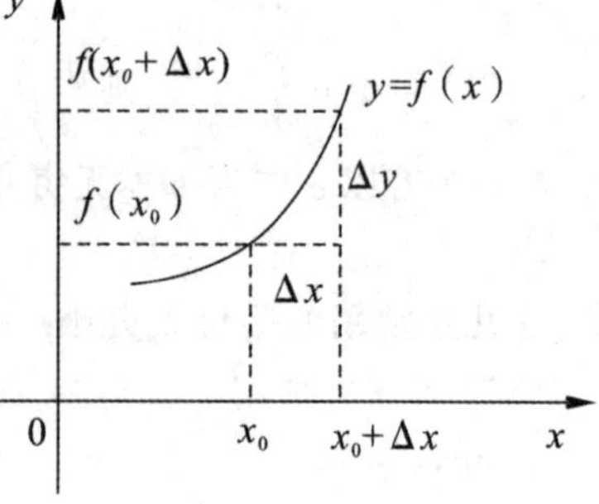

图 2-3

设 $x=x_0+\Delta x$，当 $\Delta x\to 0$ 时，$x\to x_0$，于是 $f(x_0+\Delta x)-f(x_0)=f(x)-f(x_0)$，由 $\lim\limits_{\Delta x\to 0}\Delta y=0$ 可改写为 $\lim\limits_{x\to x_0}[f(x)-f(x_0)]=0$，即 $\lim\limits_{x\to x_0}f(x)=f(x_0)$.

**定义 2** 函数 $y=f(x)$ 在点 $x_0$ 及其附近有定义，且 $\lim\limits_{x\to x_0}f(x)=f(x_0)$，则称函数 $f(x)$ 在 $x_0$ 点连续.

可见，判断函数 $f(x)$ 在 $x_0$ 点是否连续，只需验证极限 $\lim\limits_{x\to x_0}f(x)$ 是否和函数值 $f(x_0)$ 相等. 即函数 $f(x)$ 在 $x_0$ 点连续，必须同时满足以下三个条件.

(1) $f(x)$ 在 $x_0$ 点及其附近有定义；

(2) 极限 $\lim\limits_{x\to x_0}f(x)$ 存在；

(3) $\lim\limits_{x\to x_0}f(x)=f(x_0)$.

**例 1** 证明 $f(x)=x^2$ 在 $(-\infty,+\infty)$ 上连续.

证：设 $x_0$ 为 $(-\infty,+\infty)$ 内任意一点，根据极限的乘法运算法则，有

$$\lim_{x\to x_0}f(x)=\lim_{x\to x_0}x^2=(\lim_{x\to x_0})x^2=x_0^2=f(x_0)$$

由定义 2 可知，$x^2$ 在 $x_0$ 处连续. 由 $x_0$ 的任意性可知，$x^2$ 在 $(-\infty,+\infty)$ 内处处连续.

**例 2** 证明 $f(x)=\sin x$ 在 $(-\infty,+\infty)$ 上连续.

证：设 $x_0$ 为 $(-\infty,+\infty)$ 内任意一点，由前面所学内容可知

$$\lim_{x\to x_0}\sin x=\sin x_0$$

由定义 2 可知，$\sin x$ 在 $x_0$ 处连续. 由 $x_0$ 的任意性可知，$\sin x$ 在 $(-\infty,+\infty)$ 内处处连续.

思考：六类基本初等函数在其定义区间内连续，这种说法对吗？

**定义 3** 若函数 $f(x)$ 在点 $x_0$ 成立 $\lim\limits_{x\to x_0^-}f(x)=f(x_0)$，则称 $f(x)$ 在 $x_0$ 处左连续；若成立 $\lim\limits_{x\to x_0^+}f(x)=f(x_0)$，则称 $f(x)$ 在 $x_0$ 处右连续.

**例 3** 讨论函数.

$$f(x)=\begin{cases}x-1 & x<0\\ 1 & x=0\\ x+1 & x>0\end{cases}$$ 在 $x_0$ 处的连续性.

解：当 $x\to0^+$ 时，$f(0+0)=\lim\limits_{x\to0^+}(x+1)=1$，

当 $x\to0^-$ 时，$f(0-0)=\lim\limits_{x\to0^-}(x-1)=-1$，

而 $f(0)=1$，

显然，函数 $f(x)$ 在 $x=0$ 处右连续，但不左连续.

即 $f(x)$ 在 $x=0$ 处不连续.

可见，函数 $y=f(x)$ 点 $x_0$ 处连续的充分必要条件是函数在此点既是左连续又是右连续.

**定义 4** 若函数 $f(x)$ 在开区间 $(a,b)$ 内任一点都连续，则称函数 $f(x)$ 在 $(a,b)$ 内连续；若函数在 $(a,b)$ 内连续，同时有 $\lim\limits_{x\to a^+}f(x)=f(a)$ 和 $\lim\limits_{x\to b^-}f(x)=f(b)$ 成立，则称函数 $f(x)$ 在闭区间 $[a,b]$ 上连续，或函数 $f(x)$ 是闭区间 $[a,b]$ 上的连续函数；若函数 $f(x)$ 在它的定义域内是连续的，则简称函数 $f(x)$ 是连续的. 连续函数的图形是一条连续而不断开的曲线. 六类基本初等函数在其定义区间内都是连续的.

## 二、连续函数的性质和运算

由极限的运算法则可得到连续函数的运算法则：

(1)有限个连续函数的代数和在它们共同的定义区间上仍然是连续函数.

(2)有限个连续函数的乘积在它们共同的定义区间上仍然是连续函数.

(3)两个连续函数的商在它们共同的定义区间上仍然是连续函数(使分母为 0 的点除外).

(4)有限个连续函数复合起来的复合函数仍是连续函数.

证法则(1)：设 $x_0$ 是 $f(x)$ 与 $g(x)$ 都连续的区间 $I$ 内任意一点，

$$\lim_{x\to x_0}f(x)=f(x_0),\lim_{x\to x_0}g(x)=g(x_0)$$

据极限运算法则，得

$$\lim_{x\to x_0}[f(x)\pm g(x)]=\lim_{x\to x_0}f(x)\pm\lim_{x\to x_0}g(x)=f(x_0)\pm g(x_0)$$

即函数 $f(x)\pm g(x)$ 在 $x_0$ 处也连续。由 $x_0$ 的任意性可知 $f(x)\pm g(x)$ 在区间 $I$ 上连续.

法则(2)、(3) 证明类似，法则(4) 证明略.

## 三、初等函数的连续性

由初等函数的定义及六类基本初等函数的连续性可知：一切初等函数在其定义区间内都是连续的(定义区间指包含在定义域内的区间).

**例 4** 求 $\lim\limits_{x\to2}\arcsin\log_2^x$.

解：因为 $y=\arcsin\log_2^x$ 是由 $y=\arcsin u$ 和 $u=\log_2^x$ 两个基本初等函数复合而成的初等函数，$x=2$ 在其定义域内，是连续点，

所以 $\lim\limits_{x\to 2}\arcsin\log_2^x = f(2) = \arcsin\log_2 2 = \arcsin 1 = \dfrac{\pi}{2}$

## 四、间断点的类型

若函数 $f(x)$ 在点 $x_0$ 处不连续，则称点 $x_0$ 为 $f(x)$ 的不连续点或间断点。其中，左、右极限都存在的称为第一类间断点；其它称为第二类间断点.

**例** 5　讨论函数在给定点的连续性.

(1) $f(x)=\begin{cases}-1, x<0\\ 0, x=0, 在\ x=0\ 处\\ 1, x>0\end{cases}$

(2) $f(x)=\begin{cases}x^2, x>1\\ 3, x=1, 在\ x=1\ 处\\ x, x<1\end{cases}$

(3) $f(x)=\begin{cases}\dfrac{1}{x}, x\neq 0\\ 1, x=0\end{cases}$，在 $x=0$ 处

(4) $f(x)=\begin{cases}\dfrac{\sin x}{x}, x\neq 0\\ 1, x=0\end{cases}$，在 $x=0$ 处

解：(1) $\lim\limits_{x\to 0^+} x=1$，$\lim\limits_{x\to 0^-}(-1)=-1$，左、右极限存在但不相等，所以 $x=0$ 是第一类间断点.

(2) $\lim\limits_{x\to 1^+} x^2=1$；$\lim\limits_{x\to 1^-} x=1$，即 $\lim\limits_{x\to 1} f(x)=1$，而 $f(1)=3$.

由于 $\lim\limits_{x\to 1} f(x)\neq f(1)$，故 $x=1$ 是第一类间断点.

(3) $\lim\limits_{x\to 0}\dfrac{1}{x}=\infty$，即左、右极限不存在，所以 $x=0$ 是第二类间断点.

(4) 因为 $\lim\limits_{x\to 0}\dfrac{\sin x}{x}=1$，$f(0)=1$，即 $\lim\limits_{x\to 0}\dfrac{\sin x}{x}=f(0)=1$，

所以 $x=0$ 是连续点.

## 五、闭区间上连续函数的性质

**性质** 1(有界定理)　闭区间 $[a,b]$ 上的连续函数 $f(x)$，必在 $[a,b]$ 上有界.

**性质** 2(最大值和最小值定理)　闭区间 $[a,b]$ 上的连续函数 $f(x)$，在 $[a,b]$ 上必有最大值和最小值，即在 $[a,b]$ 内至少有两点 $\xi_1$ 和 $\xi_2$，使得对 $[a,b]$ 上的一切 $x$ 有

$$f(\xi_1)\leqslant f(x)\leqslant f(\xi_2)$$

这里 $f(\xi_1)$ 和 $f(\xi_2)$ 分别是 $f(x)$ 在 $[a,b]$ 上的最小值和最大值，如图 2 - 4 所示.

**性质** 3(介值定理)　在闭区间[a,b]上连续的函数 $f(x)$，可以取得介于最大值和最小值之间的任何值。如图 2 - 5 所示.

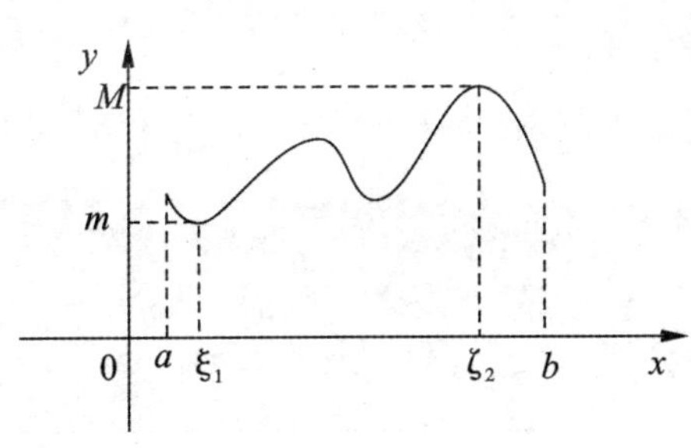


图 2-4

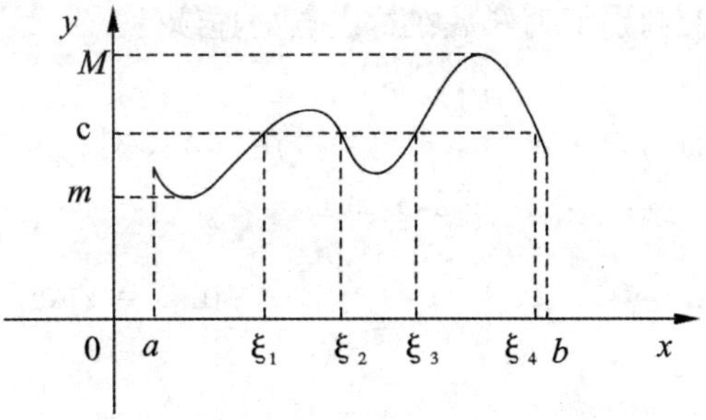

图 2-5

**性质** 4(零点定理)　若 $f(x)$ 在 $[a,b]$ 上连续，且 $f(a)$ 和 $f(b)$ 异号，

则 $\exists \xi \in (a,b)$，使得 $f(\xi)=0$.

如图 2-6 所示，若 $f(a)f(b)<0$，函数 $f(x)$ 对应的曲线必与 $x$ 轴至少有一个交点 $\xi_1(a<\xi_1<b)$，使得 $f(\xi_1)=0$.

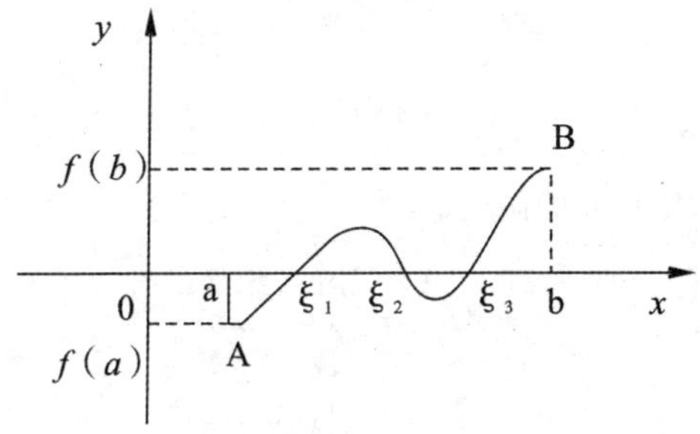


图 2-6

零点定理常被用来判定方程根的存在性.

**例** 6　证明方程 $x^3-3x-1=0$ 至少有一实根介于 1 和 2 之间.

证：令 $f(x)=x^3-3x-1$，它是一个初等函数，在 $[1,2]$ 上连续；

又　$f(1)=-3<0, f(2)=1>0$，

由零点定理可知，$f(x)=x^3-3x-1$ 在 $(1,2)$ 内至少有一实根 $\xi$，

使得　$f(\xi)=0$.

即　$\xi^3-3\xi-1=0(1<\xi<2)$.

说明　方程 $x^3-3x-1=0$ 在区间 $(1,2)$ 内至少有一实根 $\xi$.

## 习题 2.7

1. 设函数 $f(x)=x+1$，求

(1) 当 $x$ 由 $x=1.5$ 改变到 $x=2$ 时，自变量的增量；

(2) 当 $x$ 由 $x=x_0$ 改变到 $x_0+\Delta x$ 时，函数的增量.

2. 判别下列函数在给定点的连续性.

(1) $f(x)=\begin{cases}2, x>0\\0, x=0\\-2, x<0\end{cases}$，在 $x=0$ 处.

(2) $f(x)=\begin{cases}x^2+1, x\neq 2\\5, x=2\end{cases}$，在 $x=2$ 处.

(3) $f(x)=\begin{cases}\dfrac{\sin x}{x}, x\neq 0\\2, x=0\end{cases}$，在 $x=0$ 处.

3. 证明函数 $f(x)=\begin{cases}x\sin\dfrac{1}{x}, x\neq 0\\0, x=0\end{cases}$，在 $x=0$ 处连续.

4. 指出下列函数的间断点的类型.

(1) $f(x)=\dfrac{x+1}{(x-3)^2}$　　(2) $f(x)=\dfrac{x+2}{\sin x}$

(3) $f(x)=\dfrac{x+4}{x^2-3x+2}$　　(4) $f(x)=\dfrac{\sin x}{|x|}$

5. 利用函数的连续性，求下列极限.

(1) $\lim\limits_{x\to 3}\sqrt{2x^2-5x+1}$　　(2) $\lim\limits_{x\to\frac{\pi}{4}}(\sin 2x)^2$

(3) $\lim\limits_{x\to\frac{\pi}{4}}\text{In}(2\cos x)$　　(4) $\lim\limits_{x\to 0}\dfrac{e^x+e^{-x}}{2x+1}$

6. 证明方程 $x^3-2x=1$ 在区间(1,3)内至少有一个实根.

7. 证明方程 $x^3-4x^2+1=0$ 在区间(0,1)内至少有一个实根.

# 第三章　导数与微分

1. 理解函数导数的概念.
2. 理解微分的概念.
3. 掌握导数(微分)的计算方法.
4. 掌握导数(微分)的简单应用。

## 3.1　导数的概念与基本公式

### 一、导数的概念

**例1**　求变速直线运动的瞬时速度.

由物理学知道,若物体作匀速直线运动时,物体在任何时刻的速度,由公式确定.

$$速度=\frac{路程}{时间}$$

但是当物体作变速直线运动时,上述公式只能反映物体走完某段路程的平均速度,而未反映出物体在运动中变化的速度情况。要研究这种变化的速度,就得研究物体在运动过程中任一时刻的速度,即瞬时速度.

设物体作变速直线运动的路程函数为

$$s=s(t)$$

求物体在运动过程中某一时刻 $t_0$ 的瞬时速度 $v_0$.

分析:在 $t_0$ 到 $t_0+\Delta t$ 的一段微小时间 $\Delta t$ 内,经过的微小路程为

$$\Delta s = s(t_0+\Delta t)-s(t_0)$$

在微小的时间 $\Delta t$ 内,物体运动的平均速度可近似等于

$$v_0 \approx \frac{\Delta s}{\Delta t}=\frac{s(t_0+\Delta t)-s(t_0)}{\Delta t}$$

当时间$|\Delta t|$很小时，平均速度$\frac{\Delta s}{\Delta t}$就越来越接近于瞬时速度$v_0$，即

$$v_0=\lim_{\Delta t\to 0}\frac{\Delta s}{\Delta t}=\lim_{\Delta t\to 0}\frac{s(t_0+\Delta t)-s(t_0)}{\Delta t}$$

我们把这个特殊的极限叫做函数的导数。具体而言，有下列定义：

**定义1** 设函数$y=f(x)$在点$x_0$及其附近有定义，当自变量$x$在$x_0$处有增量$\Delta x$时，函数$f(x)$相应地有增量$\Delta y=f(x_0+\Delta x)-f(x_0)$，如果两个增量之比$\frac{\Delta y}{\Delta x}$，当$\Delta x\to 0$时的极限

$$\lim_{\Delta x\to 0}\frac{\Delta y}{\Delta x}=\lim_{\Delta x\to 0}\frac{f(x_0+\Delta x)-f(x_0)}{\Delta x}$$

存在，则称此极限为函数$y=f(x)$在$x_0$的导数，则称函数$y=f(x)$在$x_0$处可导. 记作

$$y'|_{x=x_0},f'(x_0),\frac{\mathrm{d}y}{\mathrm{d}x}|_{x=x_0}\text{或}\frac{\mathrm{d}f(x)}{\mathrm{d}x}|_{x=x_0}$$

一般说来，如果函数$y=f(x)$在区间$(a,b)$内的每一点可导，那么$f(x)$在区间$(a,b)$上可导。这时，对于区间的每一点必有一个导数，因此在区间$(a,b)$中确定了一个新函数，称为$f(x)$的导函数，记作$y',f'(x),\frac{\mathrm{d}y}{\mathrm{d}x}$或$\frac{\mathrm{d}f(x)}{\mathrm{d}x}$. 为了不发生混淆，我们把导函数统称为导数.

## 二、基本初等函数的导数

导数定义告诉我们什么是函数的导数，同时给我们提供了求一个函数的导数的步骤和方法。下面我们通过求基本初等函数的导数，进一步来了解导数的含义及求导方法.

**(一)常量的导数**

设$y=c$($c$是常数)，

(1) 求函数的增量，由于当自变量从$x$变到$x+\Delta x$时，$f(x)=c$都不改变，故函数增量

$$\Delta y=0$$

(2) 平均变化率

$$\frac{\Delta y}{\Delta x}=0$$

(3) 求极限

$$y'=\lim_{\Delta x\to 0}\frac{\Delta y}{\Delta x}=0$$

即

$$c'=0$$

**(二)幂函数的导数**

设$y=x^3$求函数的增量. 因为当自变量从$x$变到$x+\Delta x$时，函数增量

$$\begin{aligned}\Delta y&=(x+\Delta x)^3-x^3\\&=x^3+3x^2\Delta x+3x(\Delta x)^2+(\Delta x)^3-x^3\end{aligned}$$

求平均变化率

$$\frac{\Delta y}{\Delta x}=3x^2+3x\Delta x+(\Delta x)^2$$

求极限

$$y' = \lim_{\Delta x \to 0} \frac{\Delta y}{\Delta x} = 3x^2$$

对任意实数 $a$ 仍有 $(x^a)' = ax^{a-1}$

**例 2** 求 $y = \sqrt[3]{x}$ 的导数.

解:$y' = (\sqrt[3]{x})' = \dfrac{1}{3\sqrt[3]{x^2}}$.

**(三) 正弦函数的导数**

设 $y = \sin x$,

(1) 求函数的增量

应用和差化积公式,得

$$\Delta y = \sin(x + \Delta x) - \sin x = 2\cos\left(x + \frac{\Delta x}{2}\right)\sin\frac{\Delta x}{2}$$

(2) 求平均变化率

$$\frac{\Delta y}{\Delta x} = \frac{2\cos\left(x + \frac{\Delta x}{2}\right)\sin\frac{\Delta x}{2}}{\Delta x}$$

(3) 求极限

$$y' = \lim_{\Delta x \to 0} \frac{2\cos\left(x + \frac{\Delta x}{2}\right)\sin\frac{\Delta x}{2}}{\Delta x}$$

$$= \lim_{\Delta x \to 0} \cos\left(x + \frac{\Delta x}{2}\right)\frac{\sin\frac{\Delta x}{2}}{\frac{\Delta x}{2}}$$

当 $\Delta x \to 0$ 时,$\cos\left(x + \dfrac{\Delta x}{2}\right) \to \cos x$;$\Delta x \to 0$ 时,$\dfrac{\sin\frac{\Delta x}{2}}{\frac{\Delta x}{2}} \to 1$

所以 $$y' = \lim_{\Delta x \to 0} \frac{\Delta y}{\Delta x} = \cos x$$

即 $$(\sin x)' = \cos x$$

同理推导,得 $(\cos x)' = -\sin x$

三角函数 $\tan x$,$\cot x$ 的导数放在下一节学习.

**(四)指数函数的导数**

设 $y = a^x$(其中 $a > 0, a \neq 1$),

(1) 求函数的增量

$$\Delta y = a^{x+\Delta x} - a^x = a^x(a^{\Delta x} - 1)$$

(2) 求平均变化率

$$\frac{\Delta y}{\Delta x} = a^x \frac{a^{\Delta x} - 1}{\Delta x}$$

(3) 求极限:

令 $a^{\Delta x} - 1 = t$,则 $\Delta x = \log_a(1 + t)$,于是

$$\frac{a^{\Delta x}-1}{\Delta x}=\frac{t}{\log_a(1+t)}$$

当 $\Delta x \to 0$ 时，$t \to 0$，故

$$\begin{aligned} y' &= \lim_{\Delta x \to 0}\frac{\Delta y}{\Delta x}=\lim_{t\to 0} a^x \frac{t}{\log_a(1+t)} \\ &= a^x \lim_{t\to 0}\frac{1}{\log_a\left(\frac{1+t}{t}\right)} \\ &= a^x \lim_{t\to 0}\frac{1}{\log_a(1+t)^{\frac{1}{t}}} = a^x\frac{1}{\log_a e} \\ &= a^x \frac{1}{\frac{\ln e}{\ln a}} = a^x \ln a \end{aligned}$$

即 $$(a^x) = a^x \ln a$$

特别：若 $a=e$ 时，$(e^x)'=e^x$，以 $e$ 为底的指数函数的导数特别简单，在高等数学中经常使用.

**（五）对数函数的导数**

设 $y=\log_a x \quad (x>0)$

（1）求函数的增量

$$\Delta y=\log_a(x+\Delta x)-\log_a x=\log_a\left(1+\frac{\Delta x}{x}\right)$$

（2）求平均变化率

$$\frac{\Delta y}{\Delta x}=\frac{\log_a\left(1+\frac{\Delta x}{x}\right)}{\Delta x}=\log_a\left(1+\frac{\Delta x}{x}\right)^{\frac{1}{\Delta x}}$$

（3）求极限

$$\begin{aligned} y' &= \lim_{\Delta x\to 0}\frac{\Delta y}{\Delta x}=\lim_{\Delta x\to 0}\log_a\left(1+\frac{\Delta x}{x}\right)^{\frac{1}{\Delta x}} \\ &= \lim_{\Delta x\to 0}\frac{1}{x}\log_a\left(1+\frac{\Delta x}{x}\right)^{\frac{x}{\Delta x}} \\ &= \frac{1}{x}\lim_{\Delta x\to 0}\log_a\left(1+\frac{\Delta x}{x}\right)^{\frac{x}{\Delta x}} \\ &= \frac{1}{x}\log_a e \end{aligned}$$

即 $(\log_a x)'=\dfrac{1}{x}\log_a e$

特别 $a=e$，$(\ln x)'=\dfrac{1}{x} \qquad (x>0)$

**例 3** 若函数 $f(x)=x^3$，求 $f'(x)$，$f'(0)$，$f'(2)$.

解：由幂函数求导公式，得

$$f'(x)=3x^2$$
$$f'(0)=3x^2\big|_{x=0}=0$$
$$f'(2)=3x^2\big|_{x=2}=12$$

**例 4**　若函数 $f(x)=10^x$，求 $f'(x)$，$f'(0)$，$f'(10)$.

解：由指数函数求导公式，得

$$f'(x)=10^x\ln 10$$
$$f'(0)=\ln 10$$
$$f'(10)=100\ln 10$$

**例 5**　若函数 $f(x)=\ln^x$，求 $f'(e)$，$f'(2e)$.

解：由对数函数求导公式，得

$$f'(e)=\frac{1}{x}\bigg|_{x=e}=\frac{1}{e}$$
$$f'(2e)=\frac{1}{x}\bigg|_{x=2e}=\frac{1}{2e}$$

基本初等函数的求导公式如下：

(1)$C'=0$

(2) $(x^a)'=a\cdot x^{a-1}$

(3) $(a^x)'=a^x\cdot\ln a$

(4) $(e^x)'=e^x$

(5) $(\log_a x)'=\dfrac{1}{x\cdot\ln a}$

(6) $(\ln x)'=\dfrac{1}{x}$

(7) $(\sin x)'=\cos x$

(8)$(\cos x)'=-\sin x$

(9) $(\tan x)'=\sec^2 x$

(10) $(\cot x)'=-\csc^2 x$

(11) $(\sec x)'=\sec x\cdot\tan x$

(12) $(\csc x)'=-\csc x\cdot\cot x$

(13) $(\arcsin x)'=\dfrac{1}{\sqrt{1-x^2}}$

(14) $(\arccos x)'=-\dfrac{1}{\sqrt{1-x^2}}$

(15) $(\arctan x)'=\dfrac{1}{1+x^2}$

(16) $(\text{arccot}\,x)'=-\dfrac{1}{1+x^2}$

## 三、导数的几何意义

若设函数 $y=f(x)$ 在直角坐标系中是一条曲线(见图 3 - 1)，所以由函数的导数定义得知，在曲线 $x$ 处的导数是

$$f'(x)=\lim_{\Delta x\to 0}\frac{\Delta y}{\Delta x}=\lim_{\Delta x\to 0}\frac{f(x+\Delta x)-f(x)}{\Delta x}$$

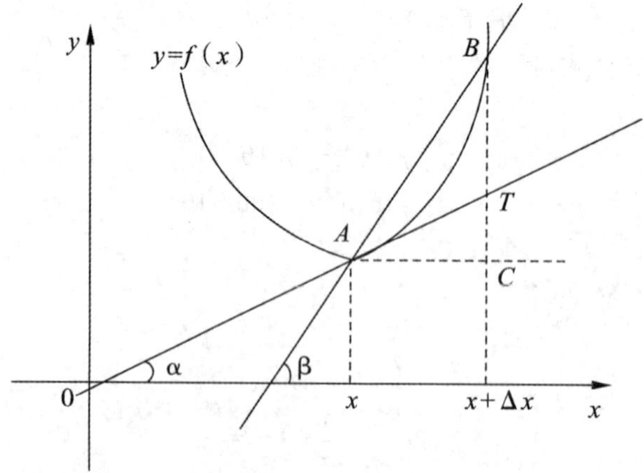


图 3 - 1

分析：

(1)$\Delta y$ 是点 $A[x,f(x)]$ 和点 $B[x+\Delta x,f(x+\Delta x)]$ 纵坐标之差.用线段 $BC$ 表示.$\Delta x$ 是点 $A$ 和点 $B$ 横坐标之差,用线段 $AC$ 表示.

(2) $\dfrac{\Delta y}{\Delta x}$ 是 $\triangle ABC$ 的角 $\angle BAC=\beta$ 的正切,即

$$\tan\beta=\frac{BC}{AC}=\frac{\Delta y}{\Delta x}$$

(3)$y'=\lim\limits_{\Delta x\to 0}\dfrac{\Delta y}{\Delta x}$ 实际上,就是当 $\beta\to\alpha$ 时,割线 $AB$ 与 $A$ 点处的切线 $AT$ 重合,即有 $\tan\beta\to\tan\alpha$,所以,函数 $y=f(x)$ 在 $x$ 处的导数,就是函数所对应的曲线在对应点 $A(x,y)$ 处切线的斜率.

**例 6** 求曲线 $y=x^2$ 在点(4,2) 的切线方程.

解:由于 $y'=(x^2)'=2x$,所以斜率 $k=y'|_{x=4}=8$,过点(4,2) 的切线方程为

$$y-2=8(x-4),\text{即 } y=8x-30$$

## 四、可导与连续的关系

**定理** 如果函数 $y=f(x)$ 在某一点 $x$ 处可导,则函数在 $x$ 处必定连续。事实上,由函数可导的定义有

$$\lim_{\Delta x\to 0}\frac{\Delta y}{\Delta x}=f'(x)$$

又由第二章定理 2.4 可 $f(x)$ 知, $\lim\limits_{\Delta x\to 0}\dfrac{\Delta y}{\Delta x}=f'(x)$

得 $$\frac{\Delta y}{\Delta x}=f'(x)+\alpha_1(x)$$

等式两边同乘 $\Delta x$,得

$$\Delta y=f'(x)\Delta x+\alpha_1(x)(\Delta x)=f'(x)\Delta x+\alpha(x)$$

(其中 $\alpha(x)=\alpha_1(x)\Delta x$ 是无穷小,于是由无穷小性质,两边取极限,得

$$\lim_{\Delta x\to 0}\Delta y=0$$

这就证明了 $f(x)$ 在 $x$ 处连续.

一个函数 $f(x)$ 在某点 $x$ 处连续，并不一定在该点可导。举一反例，加以说明.

**例 7**　若函数 $f(x)=\begin{cases} x\sin\dfrac{1}{x}, \\ 在\ x=0\ 处的可导性与连续性. \\ 0 \end{cases}$

解：因为$\lim\limits_{x\to 0}f(x)=\lim\limits_{x\to 0}x\sin\dfrac{1}{x}=0=f(0)$，满足连续函数的条件，所以 $f(x)$ 在 $x=0$ 处连续。但是

$$\lim_{\Delta x\to 0}\frac{\Delta y}{\Delta x}=\lim_{\Delta x\to 0}\frac{f(0+\Delta x)-f(0)}{\Delta x}=\lim_{\Delta x\to 0}\frac{\Delta x\sin\dfrac{1}{\Delta x}}{\Delta x}=\lim_{\Delta x\to 0}\sin\frac{1}{\Delta x}$$

不存在。所以 $f(x)$ 在 $x=0$ 处不可导.

### 习题 3.1

1. 设 $y=x^3$，求 $y'$，$y'|_{x=0}$，$y'|_{x=1}$.
2. 用导数定义求 $y=\sqrt{x}$ 的导数，并利用其导数计算 $y'|_{x=4}$ 和 $y'|_{x=16}$.
3. 求曲线 $y=\dfrac{1}{x}$ 在点(1,1) 的切线斜率，并写出切线方程和法线方程.
4. 问曲线 $y=x^2$ 上哪一点处切线与直线 $y=2x-1$ 平行？
5. 求下列函数的导数.

(1) $y=2^x$，求 $f'(x)$，$f'(-2)$，$f'(0)$；

(2) $y=\lg x$，$y=\log_5 x$，分别求 $y'$.

## 3.2　导数的四则运算

应用导数的定义，得到了基本初等函数的导数，但是仅仅根据定义来计算函数的导数还远远不够，因为，一旦函数的解析式比较复杂时，直接使用定义来计算函数的导数就显得相当麻烦了。因此，在本节中我们继续来探求函数导数的计算方法.

若函数 $u=u(x)$ 与 $v=v(x)$ 都在 $x$ 处可导，有下列和(差) 积、商的导数法则.

**法则 1**　$(u\pm v)'=u'\pm v'$.

**例 1**　求 $y=e^x+\cos x+4$ 的导数.

解：$y'=(e^x+\cos x+4)'=(e^x)'+(\cos x)'+(4)'=e^x-\sin x$.

**法则 2**　$(uv)'=u'v+uv'$.

特别：$u=c$ 时，$(cv)'=cv'$.

**例 2**　设 $y=x^3\sin x$，求 $y'$.

解：$y'=(x^3\sin x)'=(x^3)'\sin x+x^3(\sin x)'=3x^2\sin x+x^3\cos x$.

**例 3**　设 $y=5a^x$，求 $y'$.

解：$y'=5(a^x)'=5a^x\ln a$.

**法则 3** $\left(\frac{u}{v}\right)' = \frac{u'v - uv'}{v^2} \qquad (v \neq 0).$

法则 1 和 2,读者自己证明,仅仅证明法则 3.

证明:令 $y = \frac{u(x)}{v(x)}$

(1) 求增量

$$\Delta y = \frac{u(x+\Delta x)}{v(x+\Delta x)} - \frac{u(x)}{v(x)}$$

(2) 求平均变化率

$$\frac{\Delta y}{\Delta x} = \frac{\frac{u(x+\Delta x)-u(x)}{\Delta x}v(x) - u(x)\frac{v(x+\Delta x)-v(x)}{\Delta x}}{v(x+\Delta x)v(x)}$$

(3) 取极限:

$$y' = \lim_{\Delta x\to 0}\frac{\Delta y}{\Delta x} = \lim_{\Delta x\to 0} x\,\frac{\frac{u(x+\Delta x)-u(x)}{\Delta x}v(x) - u(x)\frac{v(x+\Delta x)-v(x)}{\Delta x}}{v(x+\Delta x)v(x)}$$
$$= \frac{u'(x)v(x) - u(x)v'(x)}{v^2(x)}$$

**例 4** 设 $y = \frac{x-1}{x+1}$,求 $y'$.

解: $$y' = \frac{(x-1)'(x+1)-(x-1)(x+1)'}{(x+1)^2} = \frac{2}{(x+1)^2}$$

现在应用以上法则来求,正切函数、余切函数、正割函数和余割函数的导数

$$(\tan x)' = \left(\frac{\sin x}{\cos x}\right)' = \frac{(\sin x)'\cos x - \sin x\,(\cos)'}{\cos^2 x}$$
$$= \frac{\cos^2 x + \sin^2 x}{\cos^2 x} = \frac{1}{\cos^2 x} = \sec^2 x$$

同理可得
$$(\cot x)' = -\csc^2 x$$
$$(\sec x)' = \sec x\tan x$$
$$(\csc x)' = -\csc x\cot x$$

**例 5** 求 $y = 5\sqrt{x} + 3\sec x$ 的导数.

解: $$y' = (5\sqrt{x})' + (3\sec x)' = 5(\sqrt{x})' + 3(\sec x)'$$
$$= \frac{5}{2\sqrt{x}} + 3\sec x\tan x.$$

## 习题 3.2

1. 用函数商的求导法则,分别推出 $\cot x$ 和 $\sec x$ 的导数公式.
2. 计算下列函数导数.

(1) $x\cos x$ (2) $\tan x - 2\sec x$

(3) $y = \frac{1+\sin x}{1+\cos x}$

3. 求下列函数在给定点处的导数值.

(1) $y = \sin x\cos x$,求 $y'|_{x=\frac{\pi}{4}}$;

(2) 若 $f(t) = \frac{1-t}{1+t}$,求 $f'(4)$.

4. 求下列函数的导数.

(1) $y = \frac{\sin x}{1+\sqrt{x}}$ (2) $y = \frac{1}{1+x+x^2}$

## 3.3 复合函数的导数

前面用函数和、差、积、商的求导法则,已经解决了一些较复杂的初等函数的导数。但是对复合函数的导数问题仍未解决,需进一步研究.

先来看一个例子:$y = \sin 2x$ 是由 $y = \sin u, u = 2x$ 复合而 $x$ 成的复合函数。现在来求它的导数。一方面,若 $(\sin 2x)' = \cos 2x$;另一方面,由于 $y = \sin 2x = 2\sin x\cos x$,由乘积导数法则可得

$$y' = 2(\sin x\cos x)' = 2(\cos^2 x - \sin^2 x) = 2\cos 2x$$

就是说:$(\sin 2x)' \neq \cos 2x$,而是 $(\sin 2x)' = 2\cos 2x$。实际上,前者是对 $y$ 中间变量 $u = 2x$ 的导数,而不是 $y$ 对 $x$ 的导数。因此,引出复合函数的导数法则:

**定理** 设 $y = f(u)$ 在点 $u$ 处可导,$u = g(x)$ 在点 $x$ 处可导,则复合函数 $y = f[g(x)]$ 在 $x$ 处可导,并且

$$\frac{dy}{dx} = \frac{dy}{du}\frac{du}{dx} \text{ 或 } y'_x = y'_u u'_x$$

**例 1** 求 $y = \sin^2 x$ 的导数.

解:把 $y = \sin^2 x$ 看作是由 $y = u^2, u = \sin x$ 复合而成的,

于是 $$y'_u = 2u, u'_x = \cos x$$

所以 $$y'_x = y'_u \cdot u'_x = 2u\cos x = 2\sin x\cos = \sin 2x$$

**例 2** 求 $y = (3x+8)^3$ 的导数.

解:把 $y = (3x+8)^3$ 看成是 $y = u^3, u = 3x+8$ 复合而成的,

于是 $$y'_u = 3u^2, u'_x = 3$$

所以 $$y' = y'_u \cdot u'_x = 9u^2 = 9(3x+8)^2$$

熟练后,中间变量 $u$ 不必写出,默想于心中,直接算出结果.

**例 3** 求 $y = e^{\sin 2x}$ 的导数

解:
$$\begin{aligned} y' &= e^{\sin 2x} \cdot (\sin 2x)' \\ &= e^{\sin 2x} \cdot \cos 2x\,(2x)' \\ &= 2\cos 2x \cdot e^{\sin 2x} \end{aligned}$$

**例 4** 求 $y = \cos\sqrt{x^2+1}$ 的导数

解:
$$\begin{aligned} y' &= -\sin\sqrt{x^2+1} \cdot (\sqrt{x^2+1})' \\ &= -\sin\sqrt{x^2+1} \cdot \frac{1}{2\sqrt{x^2+1}}(x^2+1)' \end{aligned}$$

$$= -\sin\sqrt{x^2+1}\cdot\frac{2x}{2\sqrt{x^2+1}}$$

$$= -\frac{x}{\sqrt{x^2+1}}\sin\sqrt{x^2+1}$$

有时还会遇到更加复杂的初等函数求导问题，此时要会综合运用求导法则，来解决问题.

**例 5**　求 $y=e^{-x^2}\sin3x$

解：
$$y'=(e^{-x^2})'\sin3x+e^{-x^2}(\sin3x)'$$
$$=-2xe^{-x^2}\sin3x+3e^{-x^2}\cos3x$$

### 习题 3.3

1. 求下列复合函数的导数

(1) $y=2^{2x}+1$　　(2) $y=\sin(2x+1)$

(3) $y=\sin^2x$　　(4) $y=\sin x^2$

(5) $y=(3x+1)^2$　　(6) $y=(x^2+x+2)^3$

(7) $y=(2x+1)$　　(8) $y=\cot\sqrt{x}$

(9) $y=\ln\tan x$　　(10) $y=\sqrt{\sin2x}$

(11) $y=\sin3x-\cos\dfrac{x}{3}$　　(12) $y=(x^2-4)^{\frac{1}{2}}$

(13) $y=\dfrac{x^2}{(x+1)^2}$　　(14) $y=e^{-3x}$

(15) $y=\ln(\sin x)$　　(16) $y=\ln(\ln x)$

## 3.4　隐函数的求导法则

### 一、反函数的求导法则

关于反函数求导，有下列定理.

**定理**　如果单调连续函数 $x=\varphi(y)$ 在 $y$ 处可导，并且 $\varphi'(y)\neq0$，则它的反函数 $y=f(x)$ 在对应点 $x$ 处可导，并且有

$$f'(x)=\frac{1}{\varphi'(y)}\ \text{或}\ \frac{dy}{dx}=\frac{1}{\frac{dx}{dy}}$$

此定理说明：互为反函数的两个函数的导数互为倒数.

作为公式的应用，现在来计算下列反三角函数的导数

若 $y=\arcsin x(-1<x<1)$，求 $y'$.

$y=\arcsin x$ 的反函数是

$$x=\sin y\qquad(-\frac{\pi}{2}<y<\frac{\pi}{2})$$

$$(\sin y)'=\cos y>0$$

由于
$$\cos y=\sqrt{1-\sin^2 y}=\sqrt{1-x^2}$$
由公式,得
$$(\arcsin x)'=\frac{1}{(\sin y)'}=\frac{1}{\cos y}=\frac{1}{\sqrt{1-x^2}}\quad(-1<x<1)$$
即
$$(\arcsin x)'=\frac{1}{\sqrt{1-x^2}}$$
同理推导可得
$$(\arctan x)'=\frac{1}{1+x^2}$$
$$(\operatorname{arccot} x)'=-\frac{1}{1+x^2}$$
以上四个反三角函数的导数可作为公式使用.

## 二、隐函数的求导数法则

前面已经提及到:如果一个函数的因变量 $y$ 和自变量 $x$ 之间的对应法则是由方程 $F(x,y)=0$ 来确定,就称这个函数为由方程 $F(x,y)=0$ 确定的隐函数.

隐函数的求导方法分两步:

(1) 方程两边同时对 $x$ 求导.

(2) 解出 $y'$ 即可.

**例 1**　设隐函数方程是 $4x+5y-1=0$,求 $y'$.

解:方程两边对 $x$ 求导得
$$4+5y'=0$$
由方程解出
$$y'=-\frac{4}{5}$$

**例 2**　设隐函数方程是 $x^2+y^2-1=0$,求 $y'$.

解:方程两边对 $x$ 求导得
$$2x+2yy'=0$$
由方程解出
$$y'=-\frac{x}{y}$$

**例 3**　设隐函数的方程是 $y=e^{x+y^2}$,求 $y'$.

解:方程两边对 $x$ 求导得
$$y'=e^{x+y^2}(1+2yy')$$
$$=e^{x+y^2}+2yy'e^{x+y^2}$$
解出
$$y'=\frac{e^{x+y^2}}{1-2ye^{x+y^2}}$$

**例 4**　求 $y=x^{\sin x}$ 的导数$(x>0)$

解:两端取对数,得
$$\ln y=\sin x\ln x$$
我们可视为一个隐函数,两端对 $x$ 求导,得
$$\frac{1}{y}y'=\cos x\ln x+\frac{\sin x}{x}$$
$$y'=y\left(\cos\ln x+\frac{\sin x}{x}\right)$$
$$=x^{\sin x}\left(\cos x\ln x+\frac{\sin x}{x}\right)$$

## 习题 3.4

1. 求下列函数的导数

(1) $y = \text{acrsin}\sqrt{1-x}$　　(2) $y = \arctan\sqrt{1-t}$

2. 求由下列方程所确定的隐函数 $y$ 的导数 $y'$.

(1) $y = 1 + xe^y$　　(2) $e^y = \sin(s+y)$

(3) $y = 1 + x\sin y$　　(4) $x\cot y = \cos(xy)$

# 3.5 高阶导数

一般地,函数 $y=f(x)$ 的导数 $y'=f'(x)$ 的导数,叫做 $y=f(x)$ 的二阶导数,记作 $y''$,$f''$,$\frac{d^2y}{dx^2}$ 或 $\frac{d^2f(x)}{dx^2}$.

二阶导数的力学意义就是加速度,计算方法是重复求导。一般 $f(x)$ 的 $n$ 阶导数,记作 $y^{(n)}$,$f^{(n)}(x)$,$\frac{d^ny}{dx^n}$

**例 1**　若 $y = x^2 + x + 1$,求 $y''$.

解:
$$y' = 2x+1, y'' = (2x+1)', y'' = 2$$

要求同学们掌握函数二阶导数的求法,至于 $n$ 阶导数的求法,一般来说,求 $n$ 阶导数只须求出二阶和三阶,然后总结规律可得出 $n$ 阶导数的表达式.

**例 2**　若 $y = a^x$,求 $y^{(n)}$.

解:
$$y' = a^x\ln a$$
$$y'' = (a^x\ln a)' = a^x(\ln a)^2$$
$$y''' = (y'')' = [a^x(\ln a)^2]' = a^x(\ln a)^3$$
$$\cdots\cdots$$

找规律得
$$y^{(n)=a^x(\ln a)^n}$$

## 习题 3.5

1. 设函数 $f(x) = ax^2 + bx + c$,其中 $a,b,c$ 为常数,求 $f'(x)$,$f'(0)$,$f'\left(\frac{1}{2}\right)$.

2. 计算下列函数的导数.

(1) $y = \sqrt{x\sqrt{x}}$　　(2) $y = \frac{1}{x^4}$

(3) $y = \lg x$　　(4) $y = (2e)^x$

3. 计算下列函数的导数.

(1) $y = 2x^2 - x + 1$　　(2) $y = \sqrt{x} - \frac{1}{x} + 5$

(3) $\dfrac{1+x}{\sqrt{x}}$　　(4) $y=x^2(x-1)$

(5) $y=(x-a)(x-b)$　　(6) $y=x^n\ln x$

4. 计算下列函数的导数

(1) $y=(1+x)^2(1+x^2)$　　(2) $\dfrac{(x-1)^2}{x+1}$

(3) $y=\log_a(1+x^2)$　　(4) $y=\ln\dfrac{1+\sqrt{x}}{1-\sqrt{x}}$

(5) $y=\ln\tan x$　　(6) $y=\ln(x+\sqrt{x^2-a^2})$

(7) $y=e^{\arccos x}$　　(8) $y=(\arctan x)^2$

(9) $y=x\sqrt{1-x^2}+\arcsin x$

5. 求下列各函数的二阶导数

(1) $y=\ln x$　　(2) $y=x^4-3x^2+1$

(3) $y=\sin x$　　(4) $y=\arctan x$

6. 求下列各函数的 $n$ 阶导数.

(1) $y=\sin x$　　(2) $y=\ln(1+x)$

7. 验证：$y=e^x\sin x$ 满足关系式 $y''-2y'+2y=0$.

## 3.6　函数的微分

**引例**　若以 $s$ 表示边长为 $x$ 的正方形面积，那么

$$s=x^2\qquad(x>0)$$

当边长由 $x$ 增加到 $x+\Delta x$ 时

$$\Delta s=(x+\Delta x)^2-x^2=2x\Delta x+(\Delta x)^2$$

$\Delta s$ 由两部分组成：

第一部分是 $2x\Delta x$，即如图 3-2 所示斜线的两个长方形面积之和；

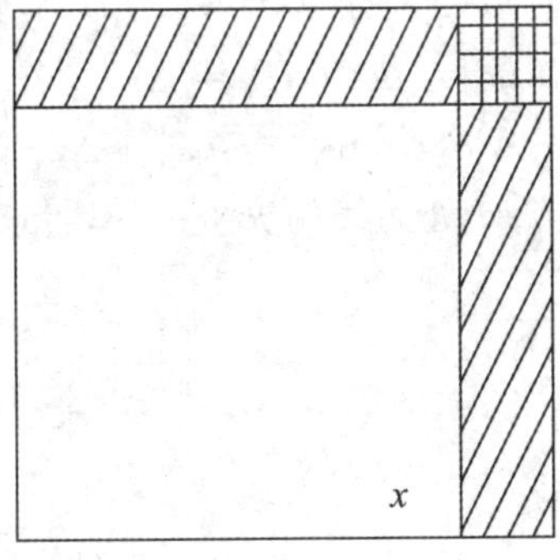


图 3-2

第二部分 $(\Delta x)^2$，在图中带有交差斜线的小正方形面积，当 $\Delta x\to 0$ 时，是 $\Delta x$ 高阶的无穷小.

因此，当$|\Delta x|$很小时，第一部分 $2x\Delta x$ 近似地等于 $\Delta s$。而第二部分可以忽略不计，就是说 $\Delta s - 2x\Delta x$ 是 $\Delta s$ 高阶的无穷小。我们就把 $2x\Delta x$ 称为正方形面积 $s$ 的微分。记作 $ds = 2s\Delta x$.

## 一、微分的概念

若函数 $y = f(x)$ 在 $x$ 处可导，根据导数定义有

$$\lim \frac{\Delta y}{\Delta x} = f'(x)$$

易知：$\frac{\Delta y}{\Delta x} = f'(x) + a(x)$，其中 $a(x)$ 是 $\Delta x \to 0$ 的无穷小。则有

$$\Delta y = f'(x)\Delta x + \alpha(x)\Delta x$$

其中 $f'(x)\Delta x$ 是 $\Delta x$ 的线性函数，$a(x)\Delta x$ 是当 $\Delta x \to 0$ 时比 $\Delta x$ 的高阶无穷小。因此，当 $\Delta x$ 很小时，$f'(x)\Delta x$ 为 $\Delta y$ 的线性主部，并称之为函数的微分。引入下列定义：

**定义**　函数 $y = f(x)$ 在 $x$ 处的导数 $f'(x)$ 与自变量的增量 $\Delta x$ 的乘积 $f'(x)\Delta x$ 称作函数 $y = f(x)$ 在 $x$ 处的微分，记作 $\mathrm{d}y$ 或 $\mathrm{d}f(x)$.

又因为当 $y = x$ 时，$\mathrm{d}y = \mathrm{d}x$，得 $\mathrm{d}x = \Delta x$，

于是，函数的微分是

$$\mathrm{d}y = f'(x)\mathrm{d}x$$

从而

$$\frac{\mathrm{d}y}{\mathrm{d}x} = f'(x)$$

由此可见，函数的导数等于函数的微分与自变量的微分之商。由此将导数也称作微商。虽然，函数的导数和函数的微分关系十分密切，但微分与导数又有本质的区别，导数 $f'(x)$ 是函数 $f(x)$ 在点 $x$ 处的变化率，它反映函数在点 $x$ 处的变化程度，微分 $f'(x)\mathrm{d}x$ 是当自变量由 $x$ 变到 $x + \Delta x$ 函数改变量 $\Delta y$ 的近似值。由于函数的导数和微分联系紧密，常把函数的导数运算，微分运算统称为函数的微分法.

## 二、微分的几何意义

如图 3-3 所示，若过曲线 $y = f(x)$ 的一点 $M(x, y)$ 作切线 $MT$，根据导数概念 $\tan\alpha = f'(x)$，当自变量 $x$ 有增量 $\Delta x$ 时，$MP = \Delta X, NP = \Delta y$

$$PT - MP \cdot \tan\alpha - f'(x) \cdot \Delta x - \mathrm{d}y$$

因此，函数的微分 $\mathrm{d}y$ 就是过点 $M$ 处切线的纵坐标的增量 $PT$，当$|\Delta x|$很小时，$\Delta y$ 与 $\mathrm{d}y$ 之差是关于 $\Delta x$ 的高阶无穷小.

## 三、微分的计算

### (一)基本初等函数的微分公式

$\mathrm{d}(x^{\alpha}) = \alpha x^{\alpha-1}\mathrm{d}x$　　$\mathrm{d}(\cos x) = -\sin s\mathrm{d}x$

$\mathrm{d}(a^{x}) = a^{x}\ln a\mathrm{d}x$　　$\mathrm{d}(\tan x) = \sec^{2}x\mathrm{d}x$

$\mathrm{d}(e^{x}) = \mathrm{e}^{x}\mathrm{d}x$　　$\mathrm{d}(\cot x) = -\mathrm{cse}^{2}x\mathrm{d}x$

$\mathrm{d}(\log_{a}^{x}) = \frac{\mathrm{d}x}{x\ln a}$　　$\mathrm{d}(\sec x) = \sec x\tan x\mathrm{d}x$

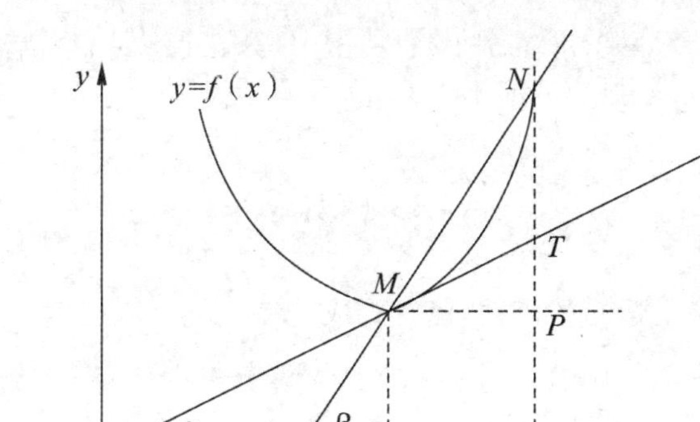


图 3-3

$\mathrm{d}(\ln x) = \dfrac{\mathrm{d}x}{x}$

$\mathrm{d}(\csc x) = -\csc x \cot x \mathrm{d}x$

$\mathrm{d}(\sin x) = \cos x \mathrm{d}x$

$\mathrm{d}(\arccos x) = -\dfrac{\mathrm{d}x}{\sqrt{1-x^2}}$

$\mathrm{d}(\arcsin x) = \dfrac{\mathrm{d}x}{\sqrt{1-x^2}}$

$\mathrm{d}(\mathrm{arccot} x) = -\dfrac{\mathrm{d}x}{1+x^2}$

$\mathrm{d}(\arctan x) = \dfrac{\mathrm{d}x}{1+x^2}$

**(二)微分的四则运算法则**

$\mathrm{d}(u \pm v) = \mathrm{d}u \pm \mathrm{d}v$

$\mathrm{d}(uv) = v\mathrm{d}u + u\mathrm{d}v$

$\mathrm{d}\left(\dfrac{u}{v}\right) = \dfrac{v\mathrm{d}u - u\mathrm{d}v}{v^2} (v \neq 0)$

**(三)复合函数的微分公式**

设 $y = f(u)$ 和 $u = \varphi(x)$ 都可导,其中 $u$ 是中间变量,则复合函数 $y = f[\varphi(x)]$ 的微分是

$$\mathrm{d}y = y'\mathrm{d}x = f'(u)\varphi'(x)\mathrm{d}x = f'(u)\varphi'(x)\mathrm{d}x] = f'(u)\mathrm{d}u$$

若 $u$ 不是中间变量,而是自变量,则 $\mathrm{d}y = f'(u)\mathrm{d}u$.

可见,无论 $u$ 是自变量还是中间变量,函数 $y = f(u)$ 的微分 $\mathrm{d}y$ 总可以用 $f'(u)\mathrm{d}u$ 来表示,这一性质称为一阶微分形式的不变性.

**例 1** 求函数 $y = \mathrm{e}^{\sin 2x}$ 的微分 $\mathrm{d}y$.

解法 1

$$\begin{aligned}\mathrm{d}y &= \mathrm{d}\mathrm{e}^{\sin 2x} = (\mathrm{e}^{\sin 2x})'\mathrm{d}x = \mathrm{e}^{\sin 2x} \cdot (\sin 2x)'\mathrm{d}x \\ &= \mathrm{e}^{\sin 2x}\cos 2x \cdot (2x)'\mathrm{d}x \\ &= 2\cos 2x \cdot \mathrm{e}^{\sin 2x}\mathrm{d}x\end{aligned}$$

解法 2 先计算导数:$y' = 2\cos 2x \cdot \mathrm{e}^{\sin 2x}$,后计算微分.

$$\mathrm{d}y = y'\mathrm{d}x = 2\cos 2x \cdot \mathrm{e}^{\sin 2x}\mathrm{d}x$$

**例 2** 求 $y = (a^2 - x^2)^2$ 的微分.

解法 1:

$$\mathrm{d}y = 2(a^2 - x^2)\mathrm{d}(a^2 - x^2)\mathrm{d}x = 2(a^2 - x^2)(-2x)\mathrm{d}x = -4x(a^2 - x^2)\mathrm{d}x$$

解法 2：先计算导数 $y' = 2(a^2 - x^2)(a^2 - x^2)' = 4x(a^2 - x^2)$，后计算微分

$$dy = -4x(a^2 - x^2)dx$$

## 习题 3.6

1. 在下列括号中，填上适当的函数，使等式成立

(1) $\cos x dx = (\quad\quad)$　　(2) $\sin x dx = (\quad\quad)$

(3) $x dx = (\quad\quad)$　　(4) $\frac{1}{x} dx = (\quad\quad)$

(5) $\frac{1}{1+x^2} dx = (\quad\quad)$　　(6) $\sec^2 x dx = (\quad\quad)$

2. 求下列函数的微分

(1) $x^2 + 1$　　(2) $2\sqrt{x}$

(3) $y = \frac{x+1}{x-1}$　　(4) $y = \frac{2}{x^{2-1}}$

# 3.7 微分的简单应用

我们知道，函数 $y = f(x)$ 在 $x_0$ 处的导数 $f'(x_0) \neq 0$ 时，函数的微分 dy 是函数增量 $\Delta y$ 的（线性）主部，因此，当 $|\Delta x|$ 很小时，忽略高阶无穷小，我们有下列近似公式：

公式 1：$\Delta y \approx dy = f'(x)\Delta x$　　(3－1)

公式 2：由于 $\Delta y = f(x_0 + \Delta x) - f(x_0)$ 得

$$f(x_0 + \Delta x) \approx f(x) + f'(x_0)\Delta x \quad (3-2)$$

若令 $x = x_0 + \Delta x$ 则 $f(x) = f(x_0) + f'(x_0)(x - x_0)$，可用公式(3 - 1)，(3 - 2) 作近似计算.

**例 1**　一个外直径为 10cm 的小球，球壳厚度为 $\frac{1}{16}$cm，试求小球壳体积的近似值.

解：半径为 $r$ 的球体积为

$$V = V(r) = \frac{4}{3}\pi r^3$$

小球壳体积为 $\Delta V$，用 $dV$ 来为近似值，由式(1) 得

$$dV = V' dr = 4\pi r^2 dr$$

代入 $r = 5, dr = -\frac{1}{16}$，得：$dV = 4\pi \cdot 5^2 \cdot \left(-\frac{1}{16}\right) \approx -19.63$

所以球壳体积 $|\Delta V|$ 的近似值为 19.63 $cm^3$.

**例 2**　计算 $\sqrt{25.4}$ 的近似值.

解：取 $f(x) = \sqrt{x}$，则 $x = 25.4$ 取 $x_0 = 25, \Delta x = 0.4$，用公式(2) 得

$$\sqrt{25.4} = f(25) + f'(25) \times 0.4$$
$$= \sqrt{25} + \frac{1}{2\sqrt{x}}\Big|_{x=25} \times 0.4$$

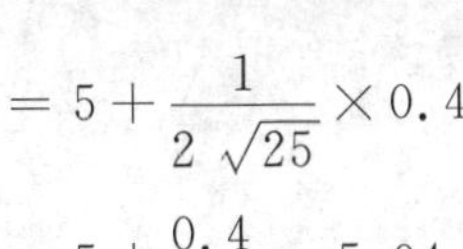

$$= 5 + \frac{1}{2\sqrt{25}} \times 0.4$$

$$= 5 + \frac{0.4}{10} = 5.04$$

## 习题 3.7

1. 计算下列各近似值

(1) $\sqrt[3]{1.05}$　　(2) $\ln 0.02$

(3) $\sin 46^\circ$　　(4) $e^{0.05}$

2. 水管的正切面是一个圆环，其内径为 10 厘米，圆环宽为 0.2 厘米，问圆环面积的精确值和它的近似值各为多少平方厘米？

3. 正立方体的棱长 $x = 10$ 米，如果棱长增加 0.2 米，求此正立方体体积增加的精确值与近似值.

4. 一个充好气的气球，半径为 4 米，升空后由于气压降低，气球半径增大了 10 厘米，问气球的体积近似增加了多少立方米？

# 第四章　导数的应用

1. 了解不定式的概念、常见不定式的形式；掌握利用罗必达法则求不定式极限的方法.
2. 掌握函数单调判别法，会求函数的单调区间.
3. 理解函数极值的概念，掌握函数极值的求法.
4. 掌握函数最大值、最小值在实际问题中的简单应用.
5. 了解导数在经济分析中的简单应用.

## 4.1　罗必达法则

我们先看例：

(1) $\lim\limits_{x\to 0}\dfrac{\sin x}{x}\left(\dfrac{0}{0}\text{ 型}\right)$其极限是 1，即$\lim\limits_{x\to 0}\dfrac{\sin x}{x}=1$.

(2) $\lim\limits_{x\to 0}\dfrac{\sin x}{x^2}\left(\dfrac{0}{0}\text{ 型}\right)$其极限不存在.

(3) $\lim\limits_{x\to \infty}\dfrac{x^2}{x}\left(\dfrac{\infty}{\infty}\text{ 型}\right)$其极限不存在.

(4) $\lim\limits_{x\to \infty}\dfrac{x^2+x}{x^2+1}\left(\dfrac{\infty}{\infty}\text{ 型}\right)$其极限$\lim\limits_{x\to \infty}\dfrac{1+\dfrac{1}{x}}{1+\dfrac{1}{x^2}}=1$。

可以看出，“$\dfrac{0}{0}$”型和“$\dfrac{\infty}{\infty}$”型的极限可能存在，也可能不存在，称这类极限为“未定式”(或“不定式”). 本节将利用罗必达法则来解决“$\dfrac{0}{0}$”或“$\dfrac{\infty}{\infty}$”型极限的计算问题.

### 一、“$\dfrac{0}{0}$”型未定式

**罗必达法则(一)**　如果函数 $f(x)$ 和 $g(x)$ 满足条件：

(1) $\lim\limits_{x\to x_0}f(x)=0,\lim\limits_{x\to x_0}g(x)=0$.

(2) $f'(x),g'(x)=0$ 在 $x_0$ 的某邻域存在($x_0$ 点可除外)且 $g'(x)\neq 0$.

(3) $\lim\limits_{x\to x_0}\dfrac{f'(x)}{g'(x)}$ 存在(或 $\infty$).

则有 $\lim\limits_{x\to x_0}\dfrac{f(x)}{g(x)}=\lim\limits_{x\to x_0}\dfrac{f'(x)}{g'(x)}$.

【注】在罗必达法则 1 中把 $x\to x_0$ 换成 $x\to\infty$,结论仍成立.

**例 1**　求 $\lim\limits_{x\to x_0}\dfrac{1-\cos x}{x^2}$.

【分析】　若令 $f(x)=1-\cos x,g(x)=x^2,\lim\limits_{x\to 0}f(x)=0,\lim\limits_{x\to 0}g(x)=0$ 即原式是"$\dfrac{0}{0}$"型不定式,满足罗必达法则.

解:$\lim\limits_{x\to 0}\dfrac{1-\cos x}{x^2}\overset{\frac{0}{0}}{=}\lim\limits_{x\to 0}\dfrac{(1-\cos x)'}{(x^2)'}=\lim\limits_{x\to 0}\dfrac{\sin x}{2x}=\dfrac{1}{2}$.

**例 2**　求 $\lim\limits_{x\to 2}\dfrac{\ln(x^2-3)}{x^2-3x+2}$.

解:仿例 1 进行分析,是"$\dfrac{0}{0}$"型,满足罗必达法则,于是

$$\lim_{x\to 2}\frac{\ln(x^2-3)}{x^2-3x+2}=\lim_{x\to 2}\frac{\frac{2x}{x^2-3}}{2x-3}=4$$

在应用法则求极限过程中,如果 $\lim\dfrac{f'(x)}{g'(x)}$ 仍是 $\dfrac{0}{0}$ 型,则可继续使用罗必达法则进行计算.

**例 3**　求 $\lim\limits_{x\to 0}\dfrac{e^x-e^{-x}-2x}{x-\sin x}$.

解:$\lim\limits_{x\to 0}\dfrac{e^x-e^{-x}-2x}{x-\sin x}\overset{\frac{0}{0}}{=}\lim\limits_{x\to 0}\dfrac{e^x+e^{-x}-2}{1-\cos x}\overset{\frac{0}{0}}{=}\lim\limits_{x\to 0}\dfrac{e^x-e^{-x}}{\sin x}\overset{\frac{0}{0}}{=}\lim\limits_{x\to 0}\dfrac{e^x+e^{-x}}{\cos x}=\dfrac{2}{1}=2$.

**例 4**　求 $\lim\limits_{x\to\infty}\dfrac{\frac{\pi}{2}-\arctan x}{\frac{1}{x}}$.

解:$\lim\limits_{x\to\infty}\dfrac{\frac{\pi}{2}-\arctan x}{\frac{1}{x}}\overset{\frac{0}{0}}{=}\lim\limits_{x\to\infty}\dfrac{-\frac{1}{1+x^2}}{-\frac{1}{x^2}}=\lim\limits_{x\to\infty}\dfrac{x^2}{1+x^2}=1$.

## 二、"$\dfrac{\infty}{\infty}$"型未定式

**罗必达法则(二)**　如果函数 $f(x)$ 和 $g(x)$ 满足条件:

(1) $\lim\limits_{x\to x_0}f(x)=\infty,\lim\limits_{x\to x_0}g(x)=\infty$.

(2) $f'(x),g'(x)$ 在 $x_0$ 的某邻域存在($x_0$ 点可除外)且 $g'(x)\neq 0$.

(3) $\lim\limits_{x\to x_0}\dfrac{f'(x)}{g'(x)}$ 存在(或 $\infty$).

则有 $\lim\limits_{x\to x_0}\dfrac{f(x)}{g(x)}=\lim\limits_{x\to x_0}\dfrac{f'(x)}{g'(x)}$.

【注意】在罗比达法则(二)中将 $x\to x_0$ 换成 $x\to\infty$,结论仍成立.

**例 5** 求极限 $\lim\limits_{x\to+\infty}\dfrac{\ln x^2}{x}$.

解:这是$\dfrac{\infty}{\infty}$型,利用罗比达法则,有 $\lim\limits_{x\to+\infty}\dfrac{\ln^2 x}{x}\overset{\frac{\infty}{\infty}}{=}\lim\limits_{x\to+\infty}x\dfrac{2\ln x}{x}\overset{\frac{\infty}{\infty}}{=}\lim\limits_{x\to+\infty}\dfrac{2}{x}=0$.

**例 6** 求 $\lim\limits_{x\to\frac{\pi}{2}}\dfrac{\tan x}{\cot 2x}$.

解:这是$\dfrac{\infty}{\infty}$型,$\lim\limits_{x\to\frac{\pi}{2}}\dfrac{\tan x}{\cot 2x}\overset{\frac{\infty}{\infty}}{=}-\lim\limits_{x\to\frac{\pi}{2}}\dfrac{\sin^2 2x}{\cos^2 x}\overset{\frac{0}{0}}{=}-\lim\limits_{x\to\frac{\pi}{2}}\dfrac{4\sin^2 x\cos^2 x}{2\cos^2 x}=-2$.

显然,在计算过程中,开始是“$\dfrac{\infty}{\infty}$”型,分子分母一次求导后转化为“$\dfrac{0}{0}$”型。类似这种情况常常会出现,只要满足罗必达法则可继续计算.

**例 7** 求极限 $\lim\limits_{x\to+\infty}\dfrac{e^x}{x^n}(n\in N^+)$.

解:这是$\dfrac{\infty}{\infty}$型,反复使用罗比达法则,得

$$\lim_{x\to+\infty}\frac{e^x}{x^n}=\lim_{x\to+\infty}\frac{e^x}{nx^{n-1}}=\lim_{x\to+\infty}\frac{e^x}{n(n-1)x^{n-2}}=\cdots=\lim_{x\to+\infty}\frac{e^x}{n!}=\infty.$$

【注】 在使用罗必达法则时应注意以下几点.

(1) 罗必达法则只适用于$\dfrac{0}{0}$型或$\dfrac{\infty}{\infty}$型的极限.

(2) 如果 $\lim\dfrac{f'(x)}{g'(x)}$ 不存在且不是 $\infty$,并不表明 $\lim\dfrac{f(x)}{g(x)}$ 不存在,只表明罗必达法则失效,这时应用其他方法求解.

例如,极限 $\lim\limits_{x\to 0}\dfrac{x^2\sin\frac{1}{x}}{\sin x}$ 是$\dfrac{0}{0}$型,由罗必达法则,得

$$\lim_{x\to 0}\frac{x^2\sin\frac{1}{x}}{\sin x}=\lim_{x\to 0}\frac{2x\sin\frac{1}{x}-\cos\frac{1}{x}}{\cos x}$$

此时,等式右端的分子无极限,但并不能得出极限不存在的结论。事实上,可用以下的方法求极限

$$\lim_{x\to 0}\frac{x^2\sin\frac{1}{x}}{\sin x}=\lim_{x\to 0}\left(\frac{x}{\sin x}\cdot x\cdot\sin\frac{1}{x}\right)=\lim_{x\to 0}\frac{x}{\sin x}\cdot\lim_{x\to 0}x\cdot\sin\frac{1}{x}=1\cdot 0=0$$

## 三、其它未定式

**(一)$0\cdot\infty$ 型**

对于 $0\cdot\infty$ 型极限,常见的求解方法是先将函数变形化为$\frac{0}{0}$型或$\frac{\infty}{\infty}$型,再用罗比达法则求解.

**例 8** 求极限$\lim\limits_{x\to0^+}x\ln x$.

解:$\lim\limits_{x\to0^+}x\ln x\overset{0\cdot\infty}{=}\lim\limits_{x\to0^+}\dfrac{\ln x}{\frac{1}{x}}\overset{\frac{\infty}{\infty}}{=}\lim\limits_{x\to0^+}\dfrac{\frac{1}{x}}{-\frac{1}{x^2}}=\lim\limits_{x\to0^+}(-x)=0.$

注:此题如若将 $0\cdot\infty$ 型化为$\frac{0}{0}$型,则增加解题困难.

$$\lim_{x\to0^+}x\ln x\overset{0\cdot\infty}{=}\lim_{x\to0^+}\frac{x}{\frac{1}{\ln x}}\overset{\frac{0}{0}}{=}\lim_{x\to0^+}\frac{1}{-\frac{1}{\ln^2x}\cdot\frac{1}{x}}=-\lim_{x\to0^+}x\ln^2x..$$

这一结果还是 $0\cdot\infty$ 型,但比原题又增加了难度.由此看来,要根据简单要求转化.

**(二)$\infty-\infty$型**

对于 $\infty-\infty$ 型极限,先将函数进行恒等变形(通分等)化为$\frac{0}{0}$型或$\frac{\infty}{\infty}$型,再用罗比达法则求之.

**例 9** 求极限$\lim\limits_{x\to1}\left(\dfrac{2}{x^2-1}-\dfrac{1}{x-1}\right)$.

解:$\lim\limits_{x\to1}\left(\dfrac{2}{x^2-1}-\dfrac{1}{x-1}\right)\overset{\infty-\infty}{=\!=\!=}\lim\limits_{x\to1}\dfrac{1-x}{x^2-1}\overset{\frac{\infty}{\infty}}{=}\lim\limits_{x\to1}\dfrac{-1}{2x}=-\dfrac{1}{2}.$

**(三)$1^\infty$ 型、$0^0$ 型、$\infty^0$ 型**

$1^\infty$ 型、$0^0$ 型、$\infty^0$ 这三种不定型,利用取对数的方法,或者利用公式 $e^{\ln N}=N$ 将幂指函数指数化,转化为$\frac{0}{0}$或$\frac{\infty}{\infty}$型的极限来求.

**例 10** 求极限$\lim\limits_{x\to1}x^{\frac{1}{1-x}}\cdot(1^\infty)$.

解:由于 $x^{\frac{1}{1-x}}=e^{\ln x^{\frac{1}{1-x}}}=e^{\frac{1}{1-x}\cdot\ln x}=e^{\frac{\ln x}{1-x}}$,于是

$$\lim_{x\to1}x^{\frac{1}{1-x}}=\lim_{x\to1}e^{\frac{\ln x}{1-x}}=e^{\lim\limits_{x\to1}\frac{\ln x}{1-x}}=e^{\lim\limits_{x\to1}\left(\frac{-1}{x}\right)}=e^{-1}.$$

**例 11** 求极限$\lim\limits_{x\to0^+}(\sin x)^{2x}\cdot(0^0)$

解:因为$(\sin x)^{2x}=e^{\ln(\sin x)\ 2x}=e^{2x\ln\sin x}$,所以

$$\lim_{x\to0^+}(\sin x)^{2x}=\lim_{x\to0^+}e^{2x\ln\sin x}=e^{\lim\limits_{x\to0^+}\frac{2\ln\sin x}{x^{-1}}}=e^{2\lim\limits_{x\to0^+}\frac{\frac{\cos x}{\sin x}}{-x^{-2}}}=e^{-2\lim\limits_{x\to0^+}\frac{x^2\cos x}{\sin x}}=e^0=1.$$

**例 12** 求极限$\lim\limits_{x\to\frac{\pi}{2}}(\tan x)^{2x-\pi}\cdot(\infty^0)$.

解：由$(\tan x)^{2x-\pi} = e^{\ln(\tan x)^{2x-\pi}} = e^{(2x-\pi)\ln\tan x}$，得

$$\lim_{x\to\frac{\pi}{2}} (\tan x)^{2x-\pi} = \lim_{x\to\frac{\pi}{2}} e^{(2x-\pi)\ln\tan x} = e^{\lim\limits_{x\to\frac{\pi}{2}}(2x-\pi)\ln\tan x}$$

其中

$$\lim_{x\to\frac{\pi}{2}}(2x-\pi)\ln\tan x = \lim_{x\to\frac{\pi}{2}}\frac{\ln\tan x}{\frac{1}{2x-\pi}} \overset{\frac{\infty}{\infty}}{=} \lim_{x\to\frac{\pi}{2}}\frac{\frac{1}{\tan x}\cdot\frac{1}{\cos^2 x}}{\frac{-2}{(2x-\pi)^2}}$$

$$= -\lim_{x\to\frac{\pi}{2}}\frac{(2x-\pi)^2}{\sin 2x} \overset{\frac{0}{0}}{=} -\lim_{x\to\frac{\pi}{2}}\frac{4(2x-\pi)}{2\cos 2x} = 0$$

于是，有

$$\lim_{x\to\frac{\pi}{2}} (\tan x)^{2x-\pi} = e^0 = 1$$

有时，借助罗比达法则还可以判断两个无穷小量是否等价。例如当$x\to 0$时，有$\arcsin x \sim x$，$\arctan x \sim x$，$\ln(1+x)\sim x$，$e^x-1\sim x$，$1-\cos x\sim\frac{x^2}{2}$等等.

【注】使用洛必塔法则求极限时，若有极限非零因子，该因子可以单独求极限，不必参与洛必塔法则运算，这样可以使运算简化. 有时可以配合使用其他求极限的方法，也可以使运算更简单.

## 习题 4.1

1. 计算极限：$\lim\limits_{x\to 0}\frac{x^2+1}{x-1} = \lim\limits_{x\to 0}\frac{(x^2+1)'}{(x-1)'} = \lim\limits_{x\to 0}\frac{2x}{1} = 0$，这样的解法是否正确？如果不正确，为什么？

2. 计算下列极限.

(1) $\lim\limits_{x\to 2}\frac{2x^2-8}{x^2-4}$　(2) $\lim\limits_{x\to\infty}\frac{x^3+x^2}{x^2+x}$　(3) $\lim\limits_{x\to 0}\frac{\tan x}{x}$

(4) $\lim\limits_{x\to 0}\frac{\tan x - x}{x-\sin x}$　(5) $\lim\limits_{x\to 0^+}\frac{\ln x}{\ln\sin x}$　(6) $\lim\limits_{x\to\infty}\frac{\frac{\pi}{2}-\arctan x}{\frac{1}{x}}$

(7) $\lim\limits_{x\to 0}\left(\frac{1}{x}-\frac{1}{e^x-1}\right)$　(8) $\lim\limits_{x\to 0}(8x)^x$　(9) $\lim\limits_{x\to 0^+}(\cot x)^{\frac{1}{\ln x}}$

3. 下列极限可否用洛必塔法则去求，为什么？并用常规方法求出它们的极限.

(1) $\lim\limits_{x\to\infty}\frac{e^x-e^{-x}}{e^x+e^{-x}}$　(2) $\lim\limits_{x\to\infty}\frac{x+\sin x}{x}$

(3) $\lim\limits_{x\to 0}\frac{e^x-\cos x}{x+\sin x}$

4. 问$a$，$b$取何值时，极限$\lim\limits_{x\to 0}\left(\frac{\sin 3x}{x^3}+\frac{a}{x^2}+b\right)=0$？

## 4.2　函数单调性的判定

在第一章中曾介绍过函数单调性的概念。如果用定义判定函数的单调性，对某些较简单的初等函数来说是可行的，但对较复杂的初等函数就比较困难了。下面介绍用导数来判定函数单调性的方法.

**定理**　设函数 $y = f(x)$ 在$[a,b]$上连续，在$(a,b)$内可导，那么

(1) 如果在$(a,b)$内，$f'(x) > 0$，则函数 $y = f(x)$ 在$[a,b]$上单调增加，用记号 ↗ 表示.

(2) 如果在$(a,b)$内，$f'(x) < 0$，则函数 $y = f(x)$ 在$[a,b]$上单调减小，用记号 ↘ 表示.

【注】将定理中的闭区间换成其它类型区间，定理仍成立.

**例 1**　判定函数 $y = x - \sin x$ 在$[0,2\pi]$上的单调性.

解：因为在$(0,2\pi)$内，$y' = 1 - \cos x > 0$，所以，函数 $y = x - \sin x$ 在$[0,2\pi]$上单调增加.

**例 2**　讨论函数 $y = e^x - x - 1$ 的单调性.

解：函数的定义域是$(-\infty, +\infty)$，而 $y' = e^x - 1$ 在定义域$(-\infty, +\infty)$内难以确定 $y'$ 的符号，但令 $y' = 0$，即 $y' = e^x - 1 = 0$ 得 $x = 0$，用 $x = 0$ 点可将定义域划分为$(-\infty,0)$和$(0, +\infty)$。在$(-\infty,0)$内 $y' < 0$，所以函数 $y = e^x - x - 1$ 在$(-\infty,0)$上单调减少，在$(0, +\infty)$内 $y' < 0$，所以函数 $y = e^x - x - 1$ 在$(0, +\infty)$上单调增加.

【注】使 $y' = 0$ 的点是函数单调增加单调减少的分界点。一般情况下，有些函数在其定义域上是否单调不易看出，但用方程 $f'(x) = 0$ 的根和导数 $f'(x)$ 不存在的点可将函数的定义域分为部分区间，然后在部分区间上进行讨论就可以确定函数的单调性.

**例 3**　确定函数 $f(x) = 2x^3 - 9x^2 + 12x - 3$ 的单调区间.

解：函数 $f(x) = 2x^3 - 9x^2 + 12x - 3$ 的定义域是$(-\infty, +\infty)$

$$f'(x) = 6x^2 - 18x + 12 = 6(x-2)(x-1)$$

令 $f'(x) = 0$ 得 $x_1 = 1, x_2 = 2$，无导数不存在的点.

下面列表 4-1 讨论.

**表 4-1**

| $x$ | $(-\infty,1)$ | $(1,2)$ | $(2,+\infty)$ |
|---|---|---|---|
| $f'(x)$ | + | − | + |
| $f(x)$ | ↗ | ↘ | ↗ |

由表可知，$(-\infty,1)$，$(2, +\infty)$是函数的单调增区间，$(1,2)$是函数的单调减区间.

**例 4**　确定函数 $f(x) = \sqrt[3]{x^2}$ 的单调区间.

解：函数 $f(x)$ 的定义域是$(-\infty, +\infty)$.

$f'(x) = \dfrac{2}{3\sqrt[3]{x}}$，显然，在区间$(-\infty, +\infty)$内无导数等于 0 的点，但在 $x = 0$ 时，导数 $f'(x)$ 不存在，于是用 $x = 0$ 点将定义域划分为$(-\infty,0)$和$(0, +\infty)$.

下面列表 4-2 讨论.

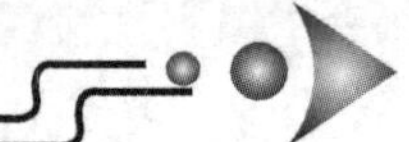

表 4-2

| $x$ | $(-\infty,0)$ | $(0,+\infty)$ |
| --- | --- | --- |
| $f'(x)$ | $-$ | $+$ |
| $f(x)$ | ↘ | ↗ |

由表知，$(-\infty,0)$ 是函数的单调减区间；$(0,+\infty)$ 是函数的单调增区间.

从上述例题可知，判定函数单调性的一般步骤如下：

(1) 确定函数的定义域.

(2) 求方程 $f'(x)=0$ 的根和使 $f'(x)$ 不存在的点.

(3) 用方程的根和导数不存在的点将定义域划分为部分区间.

(4) 列表并讨论 $f'(x)$ 在各区间上的符号，以确定函数的单调性.

## 习题 4.2

1. 确定下列函数的单调区间.

(1) $y=2x^3-6x^2-18x-7$　　(2) $y=2x+\dfrac{8}{x}(x>0)$

(3) $y=x-e^x$　　(4) $y=\dfrac{x}{1+x^2}$

(5) $y=(x-1)(x+1)^3$

2. 证明函数 $y=x-\ln(1+x^2)$ 在定义域内单调增加.

# 4.3　函数的极值

从上一节讨论知道，函数 $f(x)=2x^3-9x^2+12x-3$ 的导数方程 $f'(x)=0$ 有两个根 $x=1$ 和 $x_2=2$，它们是函数 $f(x)$ 的单调区间的分界点. 从判定中发现，在点 $x_1=1$ 的左侧，函数 $f(x)$ 是单调增加的，在 $x_1=1$ 的右侧，函数 $f(x)$ 是单调减少的。因此，一定存在 $x_1=1$ 的一个邻域，对其内的任何点 $x$(除 $x=1$ 外)，都有 $f(x)<f(1)$. 类似的，对于 $x_2=2$ 同样存在一个邻域，对邻域内任何点 $x$(除 $x=2$ 外)，均有 $f(x)>f(2)$. 具有这种性质的点，在解决实际问题中很有价值. 一般来说，有如下定义.

**定义**　设函数 $y=f(x)$ 在 $x_0$ 及其某一邻域内有定义，那么

(1) 如果不等式 $f(x_0)>f(x)(x\neq x_0)$ 成立，则称函数 $f(x)$ 在 $x_0$ 处取得极大值 $f(x_0)$，$x_0$ 叫做函数的极大值点.

(2) 如果不等式 $f(x_0)<f(x)(x\neq x_0)$ 成立，则称函数 $f(x)$ 在 $x_0$ 处取得极小值 $f(x_0)$，$x_0$ 叫做函数的极小值点.

(3) 极大值和极小值统称极值，极大值点和极小值点称为函数的极值点.

需要说明的是函数的极值仅仅是函数在定义域内某点的邻域上考虑，它反映函数的局部性质。因此，对一个函数来说，可能极小值大于极大值。如图 4-1 所示，函数在 $x_4$ 所取得的极大值。同时，从图中还可以看到：曲线上的点 $p_1,p_2,p_3,p_4,p_5$ 处，都有水平切线。在这些点处有的

取得极值,有的则不取得极值.

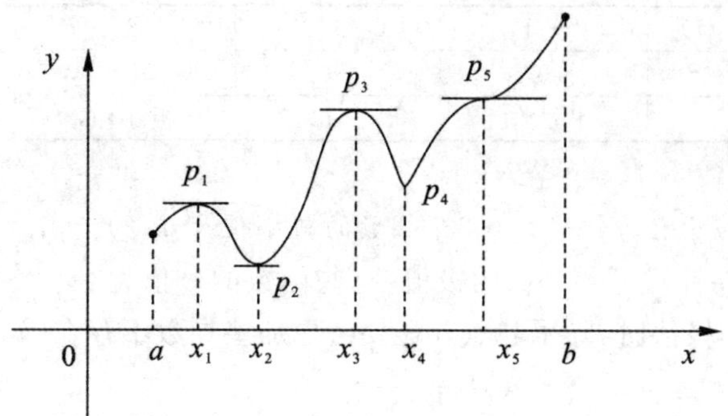


图 4 - 1

我们有如下定理:

**定理** 1(极值的必要条件) 如果函数 $y = f(x)$ 在 $x_0$ 处可导,且在 $x_0$ 处取得极值,则函数在 $x_0$ 处的导数 $f'(x) = 0$.

方程 $f'(x) = 0$ 的根 $x$,称为函数 $y = f(x)$ 的驻点。显然,$f'(x) = 0$ 是函数 $f(x)$ 在 $x$ 处取得极值的必要条件.

值得注意的是,可导函数的极值点一定是驻点,反之不然。如图 4 - 1 所示上 $x_5$ 是函数的驻点,曲线上对应的点 $p_5$ 处不取得极值,即 $x_5$ 不是函数的极值点。又如 $x = 0$ 是函数 $y = x^3$ 的驻点,它也不是函数 $y = x^3$ 的极值点.

因此,在求出函数的驻点后,还需要判断驻点是不是极值点,如果是的话,这一点是极大值还是极小值,下面的定理给出了回答.

**定理** 2(极值的第一充分条件) 设函数 $y = f(x)$ 在 $x_0$ 的某一邻域内可导且 $f'(x) = 0$,如果

(1) 当 $x < x_0$ 时,$f'(x) > 0$,当 $x > x_0$ 时,$f'(x) < 0$,那么函数在 $x_0$ 处取得极大值 $f(x_0)$.

(2) 当 $x < x_0$ 时,$f'(x) < 0$,当 $x > x_0$ 时,$f'(x) > 0$,那么在 $x_0$ 处取得极小值 $f(x_0)$.

(3) 如果在点 $x_0$ 的左右两侧 $f'(x)$ 的符号不发生改变,那么 $f(x)$ 在 $x_0$ 处不取得极值.

这样,就得到了求函数 $y = f(x)$ 极值的一般方法和步骤.

第一步:确定函数的定义域;

第二步:求函数的一阶导数 $f'(x)$;

第三步:由 $f'(x) = 0$ 求出驻点;

第四步:用驻点将定义域划分成部分区间,然后讨论函数在驻点两侧 $f'(x)$ 的正负号,确定极值点;

第五步:求出极值点处对应的函数值即得极值.

**例** 1 求函数 $f(x) = 2x^3 - 3x^2 - 12x + 21$ 的极值.

解:(1) 函数定义域是$(-\infty, +\infty)$.

(2) $f'(x) = 6x^2 - 6x - 12$.

(3) 解方程 $f'(x) = 6x^2 - 6x - 12 = 0$ 得驻点 $x_1 = -1$ 和 $x_2 = 2$.

(4) 用 $x_1 = -1$ 和 $x_2 = 2$ 划分定义域,并列表表 4 - 3 讨论.

表 4-3

| $x$ | $(-\infty,-1)$ | $-1$ | $(-1,2)$ | $2$ | $(2,+\infty)$ |
|---|---|---|---|---|---|
| $f'(x)$ | + | 0 | — | 0 | + |
| $f(x)$ | ↗ | 极大值 | ↘ | 极小值 | ↗ |

(5) 结论：函数的极大值 $f(-1)=28$，函数的极小值为 $f(2)=1$.

【注】以上讨论主要针对可导函数的极值，有些函数的极值也会在一阶导数不存在的点上出现。因此，在求函数的极值时，除了驻点外还要考虑那些导数不存在的点.

**例 2** 求函数 $f(x)=1-(x-8)^{\frac{2}{3}}$ 的极值.

解：当 $x\neq 8$ 时，$f'(x)=-\dfrac{2}{3\sqrt[3]{x-8}}$.

当 $x=8$ 时，$f'(x)$ 不存在(如图 4-2 所示)，而在 $(-\infty,8)$ 和 $(8,+\infty)$ 内，$f'(x)$ 都存在且 $f'(x)\neq 0$，根据定理 2 知，$f(x)$ 在这两个区间内没有极值点。但是，在 $(-\infty,8)$ 内，$f'(x)>0$，函数单调增加，在 $(8,+\infty)$ 内，$f'(x)<0$，函数 $f(x)$ 单调减少，由定理 2 知，当 $x=8$ 时，函数有极大值 $f(8)=1$.

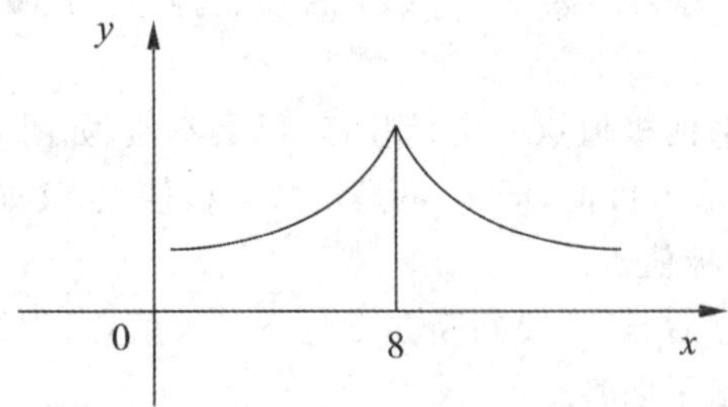


图 4-2

**定理** 3(极值第二充分条件) 设函数 $f(x)$ 在点 $x_0$ 处具有二阶导数，且

$$f'(x_0)=0,f''(x_0)\neq 0,\text{那么}$$

(1) 当 $f''(x_0)<0$ 时，函数 $f(x)$ 在点 $x_0$ 处取得极大值.

(2) 当 $f''(x_0)>0$ 时，函数 $f(x)$ 在点 $x_0$ 处取得极小值.

从定理 3 知，函数 $f(x)$ 在驻点 $x_0$ 处，只要 $f''(x_0)\neq 0$，那么驻点 $x_0$ 一定是极值点，并且可用函数的二阶导数判定极值。如果 $f''(x_0)=0$，函数 $f(x)$ 在驻点 $x_0$ 处有无极值难于确定，这时还得用定理 4.3 来判定.

**例 3** 求函数 $f(x)=(x^2-1)^3+1$ 的极值.

解：(1) $f(x)$ 的定义域为 $(-\infty,+\infty)$.

(2) $f'(x)=6x(x^2-1)^2$，$f''(x)=6(x^2-1)(5x^2-1)$

(3) 令 $f'(x_0)=0$ 得驻点 $x_1=-1$，$x_2=0$，$x_3=1$

(4) 因为 $f''(0)=6>0$，故函数 $f(x)$ 在 $x=0$ 处有极小值 $f(0)=0$

(5) 因为 $f''(\pm 1)=0$，用函数的二阶导数无法判定。此时考察函数 $f(x)$ 在驻点 $x=-1$ 和 $x=1$ 邻域内一阶导数符号情况.

当 $x<-1$ 时，$f'(x)<0$，当 $x>-1$ 时，$f'(x)<0$，由于 $f(x)$ 符号未改变，所以函数 $f(x)$ 在 $x=-1$ 处没有极值。同理，函数 $f(x)$ 在 $x=1$ 处没有极值。

## 习题 4.3

1. 求下列函数的极值

(1) $y = x^2 - 2x + 3$　　(2) $y = 2x^3 - 3x^2$

(3) $y = x^2(1-x)$　　(4) $y = \dfrac{x}{1+x^2}$

(5) $y = x + \sqrt{1-x}$　　(6) $y = 2 - (x-1)^{\frac{2}{3}}$

2. 若 $f'(x_0) = 0$，$f(x)$ 是否一定在 $x_0$ 处取得极值？反之，若 $f(x)$ 在区间内点 $x_0$ 处取得极值，是否一定有 $f'(x_0) = 0$ ？

3. 试问 $a$ 为何值时，函数 $f(x) = a\sin x + \dfrac{1}{3}\sin 3x$ 在 $x = \dfrac{\pi}{3}$ 处取得极值，它是极大值还是极小值？并求出极值.

# 4.4　函数的最值

在日常生活和生产实践中，我们常听到和遇到这样的问题，在一定条件下如何使"成本最低""消耗最少""收益最大""利润最高"等等，这类问题在数学上就是求函数的最大值和最小值的问题.

为了叙述的方便起见，将函数的最大值和最小值统称为函数的最值.

对于闭区间上连续的函数 $f(x)$，一定有最大值和最小值存在。那么，如何来求函数的最值呢？显然，如果最值在区间内部取得，那么最值一定在函数的极值点处取得。由于最值是函数在闭区间 $[a,b]$ 上的整体性质，因此，最值也有可能在闭区间的端点上取得.

于是，求函数 $f(x)$ 的最值有如下方法和步骤.

(1) 求 $f'(x)$，并求函数 $f(x)$ 的驻点和一阶导数不存在的点.

(2) 计算驻点、闭区间的端点和 $f'(x)$ 不存在的点处的函数值.

(3) 比较上述函数值的大小，从而得最值.

**例 1**　求函数 $f(x) = x^3 - 3x + 3$ 在 $[-3, \dfrac{3}{2}]$ 上的最值.

解：(1) $f'(x) = 3x^2 - 3$

(2) 解方程 $f'(x) = 0$ 得驻点：$x_1 = -1$，$x_2 = 1$（无导数不存在的点）.

(3) 计算函数值：$f(-1) = 5$；$f(1) = 1$；$f(-3) = -15$；$f(\dfrac{3}{2}) = \dfrac{15}{8}$.

(4) 比较函数值，最大值 $f(-1) = 5$，最小值 $f(-3) = -15$.

【注】在实际问题中，如果方程 $f'(x) = 0$ 在定义区间内只有一个根，就不必再去讨论 $f(x_0)$ 是否是极值，可立即判定 $f(x_0)$ 就是最大(小)值.

**例 2**　某建筑队需要围建一个面积为 1 250 $\text{m}^2$ 的矩形建材场，一边保留原有的砖墙（见图 4-3)，其他三边需要砌新的砖墙。问建材场的宽和长各为多少米时，才能使所用的砖块最少？

分析：要使所用的砖块最少，就是要求新砌的砖墙总长度最短.

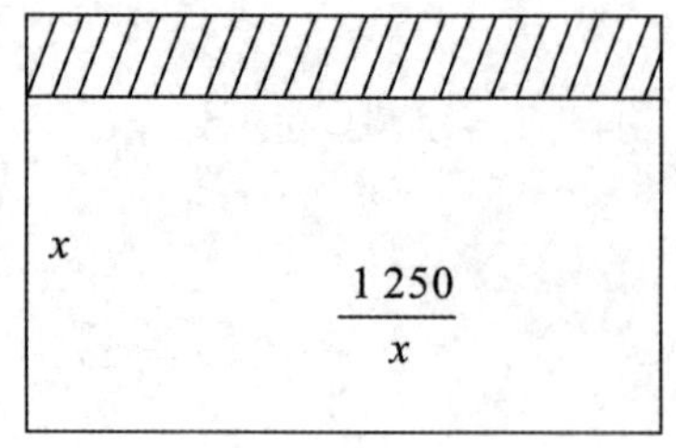


图 4-3

解:设建材场的宽为 $x$ 米,那么建材场的长为 $\frac{1\,250}{x}$ 米,以 $y$ 表示新砌的砖墙总长,则 $y=2x+\frac{1\,250}{x}(x>0)$,于是,

问题就归结为求 $x$ 为何值时,$y$ 取最小值.

$$y'=2-\frac{1\,250}{x^2}$$

解方程 $y'=2-\frac{1\,250}{x^2}=0$ 得驻点:$x=\pm 25$.

据问题的实际意义,舍去 $-25$,则 $x$ 只有唯一值 25,即宽为 25 米,长为 50 米时,所用的砖块最少.

## 习题 4.4

1. 计算下列函数的最值.

(1) $y=2x^3-3x^2 \quad [-1,4]$　　(2) $y=x^4-8x^2+2 \quad [-1,3]$

(3) $y=\sin 2x-x \quad [-\frac{\pi}{2},\frac{\pi}{2}]$　　(4) $y=x+\sqrt{1-x} \quad [-5,1]$

(5) $y=x+2\sqrt{x} \quad [0,4]$　　(6) $y=\sqrt{x(10-x)} \quad [0,2]$

2. 欲用长 6 m 的铝合金材料加工一日字形窗框,问它的长和宽分别是多少时,才能使窗户面积最大?最大面积是多少?

3. 铁路上 $AB$ 的距离为 100 km,工厂 $C$ 距 $A$ 处为 20 km,$AC$ 垂直于 $AB$,今要在 $AB$ 线上选定一点 $D$ 向工厂修筑一条公路,已知铁路与公路每公里货物运费之比为 3∶5,为了使货物从供应站 $B$ 运到工厂 $C$ 每吨货物的总运费最省,问 $D$ 选在何处?

# 第五章　不定积分

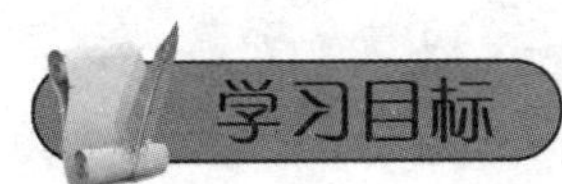


1. 理解原函数和不定积分的概念.
2. 掌握不定积分的基本公式及其性质.
3. 熟练掌握计算不定积分的法则——换元法和分部积分法.

我们知道，不定积分是导数的逆运算，也是积分学的基础，它在积分学的计算中起到了重要的作用. 已知一个函数求它的导数，在第三章中我们已经学习了，这是微分学的基本问题. 在科学技术、实际问题中，还会遇到与此相反的问题，即已知一个函数 $F(x)$ 的导数 $f(x)$ ，求原函数 $F(x)$ 的问题，这个问题就是本章要学习的内容——不定积分.

不定积分从概念上来讲，是十分简明易学的，但在具体运算当中如何得到原函数 $F(x)$ ，却存在一定的难度. 因此，我们要着重掌握以下知识点：(1)不定积分的概念及其性质，(2)不定积分的基本公式，(3)计算不定积分的法则 ；重点为不定积分的公式及不定积分的计算方法.

## 5.1　不定积分的概念与性质

由导数概念知道，若物体运动的路程函数为 $s=s(t)$，则物体运动的速度是 $s'=v(t)$ . 反过来，若知物体运动的速度 $v(t)$ ，又如何得到物体的路程函数呢？在许多实际问题中，我们常常会遇到类似的逆问题.

比如：(1) $(\quad)'=\cos x$ ；

(2) $(\quad)'=2e^{2x}$ .

容易知道，在括号(1)中填上函数 $\sin x$ 后，$(\sin x)'=\cos x$ ，在括号(2)中填上 $(\mathrm{e}^{2x})$ 函数后，$(\mathrm{e}^{2x})'=2\mathrm{e}^{2x}$ ，我们引入下列定义.

### 一、原函数的概念

**定义** 1　设 $F(x)$ 和 $f(x)$ 在区间 $I$ 上有意义，使得对任意的 $x\in I$ 有 $F'(x)=f(x)$ ，则称 $F(x)$ 为 $f(x)$ 在区间 $I$ 上的一个原函数，如函数 $\sin x$ 是函数 $\cos x$ 的一个原函数，$\mathrm{e}^{2x}$ 是函数

$2e^{2x}$ 的一个原函数 .

关于一个函数的原函数问题,应当注意以下两点.

(1)如果函数 $f(x)$ 在给定区间上连续,则函数 $f(x)$ 一定有原函数存在.

(2)如果函数 $f(x)$ 存在原函数,则它的原函数不唯一.

请看下例:

由于 $(\sin x)' = \cos x$ , $\sin x$ 是 $\cos x$ 的一个原函数. 但 $(\sin x + 1)' = \cos x$ ,($c$ 是任意常数,以下同),可见函数 $\cos x$ 有无穷多个原函数. 同理 $(x^2 + 3x + c)' = 2x + 3$ ,所以 $x^2 + 3x + c$ 是 $2x + 3$ 的无穷多个原函数. 据此,引进不定积分的概念.

## 二、不定积分的概念

**定义** 2　如果 $f(x)$ 在区间 $I$ 上存在原函数 $f(x)$ ,则 $f(x)$ 在区间 $I$ 全体原函数称为 $f(x)$ 在区间 $I$ 上的不定积分,记作 $\int f(x)\mathrm{d}x$ ,即

$$\int f(x)\mathrm{d}x = F(x) + c$$

其中:$\int$ 称为积分符号;$f(x)$ 称为被积函数;$x$ 称为积分变量;$f(x)\mathrm{d}x$ 称为被积表达式;$c$ 称为积分常数.

需特别指出的是,$\int f(x)\mathrm{d}x = F(x) + c$ 表示“ $f(x)$ 在区间 $I$ 上的所有原函数”,因此等式中的符号和常数是不可省略的. 也就是说,不定积分就是“一群”函数.

我们再看二个引例.

**引例** 1　求 $\int \cos x\mathrm{d}x$ .

解:因为 $(\sin x)' = \cos x$ ,所以 $\int \cos x\mathrm{d}x = \sin x + c$ .

**引例** 2　求 $\int x\mathrm{d}x$ .

解:因为 $\left(\frac{1}{2}x^2\right)' = x$ ,所以 $\int x\mathrm{d}x = \frac{1}{2}x^2 + c$ .

为了叙述上的方便,今后讨论不定积分时,不再指明它的积分区间,除特别说明外,所讨论的积分都是在它的连续区间内进行的.

## 三、不定积分的几何意义

如果 $F(x)$ 是 $f(x)$ 的一个原函数,那么称曲线 $y = F(x)$ 为被积函数 $f(x)$ 的一条积分曲线. 由于 $\int f(x)\mathrm{d}x = F(x) + c$ ,因此,不定积分 $\int f(x)dx$ 的几何意义:积分曲线 $y = F(x)$ 沿着 y 轴从 $-\infty$ 到 $+\infty$ 平行移动所得到的积分曲线族. 这个积分曲线族中的所有曲线可表示成 $y = F(x) + c$ ,它们在同一横坐标 x 处的切线彼此平行. 如图(5 - 1)所示.

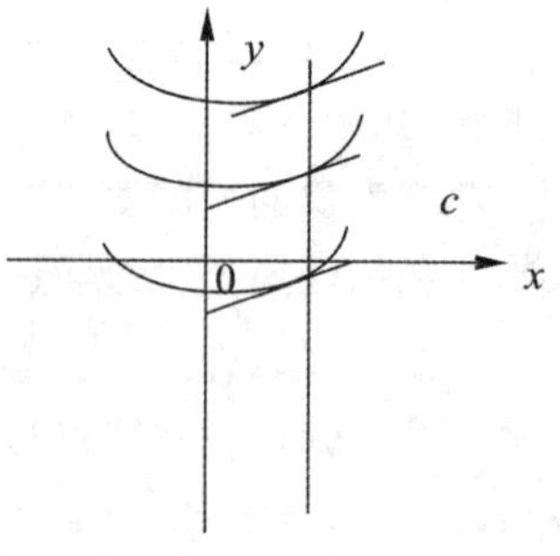

**图** 5 - 1

## 四、不定积分的基本公式

由于不定积分是求导数的逆运算,因而为了求出一个函数的不定积分,首先要知道它是哪个函数的导数. 而求导的基础是基本初等函数的导数公式,因此,由求函数的导数基本公式反过来,就可以得到相应的不定积分的基本公式,即如下:

(1) $\int k\mathrm{d}x = kx + c$ ;

(2) $\int x^a \mathrm{d}x = \frac{1}{1+a}x^{a+1} + c(a \neq -1)$ ;

(3) $\int \frac{1}{x}\mathrm{d}x = 1n|x| + c(x \neq 0)$ ;

(4) $\int a^x \mathrm{d}x = \frac{1}{1na}a^x + c(a > 0, a \neq 1)$ ;

(5) $\int \mathrm{e}^x \mathrm{d}x = \mathrm{e}^x + c$ ;

(6) $\int \sin x\mathrm{d}x = -\cos x + c$ ;

(7) $\int \cos x\mathrm{d}x = \sin x + c$ ;

(8) $\int \sec^2 x\mathrm{d}x = \tan x + c$ ;

(9) $\int \csc^2 x\mathrm{d}x = -\cot x + c$ ;

(10) $\int \sec x\tan x\mathrm{d}x = \sec x + c$ ;

(11) $\int \csc x\cot x\mathrm{d}x = -\csc x + c$ ;

(12) $\int \frac{1}{\sqrt{1-x^2}}\mathrm{d}x = \arcsin x + c$ ;

(13) $\int \frac{1}{\sqrt{1+x^2}}\mathrm{d}x = \arctan x + c$ .

上述公式是不定积分的最基本公式,类似于算术运算的“九九乘法表”,因此我们必须熟练掌握.

## 五、不定积分的性质

**性质 1** $(\int f(x)\mathrm{d}x)' = f(x)$ ,或者 $\mathrm{d}(\int f(x)\mathrm{d}x) = f(x)\mathrm{d}x$ .

**性质 2** $\int F'(x)\mathrm{d}x = F(x) + c$ ,或者 $\int \mathrm{d}F(x) = F(x) + c$ .

两等式表明:导数或微分与不定积分互为逆运算的关系.

**性质 3** $\int kf(x)\mathrm{d}x = k\int f(x)\mathrm{d}x$ ,其中 $k$ 为非零常数

**性质 4** $\int [f(x) \pm g(x)]\mathrm{d}x = \int f(x) \pm \int g(x)\mathrm{d}x$ .

性质 4 表明:对有限个函数的和(差)可逐项积分,类似于有限个函数的和(差)的导数的求法.

我们学习了不定积分基本公式和基本性质,对一些较简单的不定积分可以直接用公式和性质计算出来,这种计算积分的方法我们称为“直接积分法”. 请看下例.

**例 1** 求 $\int (\sin x + x^3 - \mathrm{e}^x)\mathrm{d}x$ .

**解:**

$$\int (\sin x + x^3 - \mathrm{e}^x)\mathrm{d}x = \int \sin x\mathrm{d}x + \int x^3 \mathrm{d}x - \int e^x \mathrm{d}x$$

$$= -\cos x + \frac{1}{4}x^4 - \mathrm{e}^x + c$$

**例** 2　**求** $\int(e^x-3\cos x+2^x e^x)dx$.

**解**：

$$\int(e^x-3\cos x+2^x e^x)dx=\int e^x dx-3\int\cos x dx+\int(2e)^x dx$$
$$=e^x-3\sin x+\frac{(2e)^x}{1n(2e)}+c$$
$$=e^x-3\sin x+\frac{(2e)^x}{1+1n2}+c$$

**例** 3　求 $\int\sqrt{x}(x^2-5)dx$

解：

$$\int\sqrt{x}(x^2-5)dx=\int(x^{\frac{5}{2}}-5x^{\frac{1}{2}})dx$$
$$=\int x^{\frac{5}{2}}dx-5\int x^{\frac{1}{2}}dx$$
$$=\frac{2}{7}x^{\frac{7}{2}}-\frac{10}{3}x^{\frac{3}{2}}+c$$
$$=\frac{2}{7}x^3\sqrt{x}-\frac{10}{3}x\sqrt{x}+c$$

实际学习中，有许多求不定积分我们需要作一些变换后，再用不定积分公式计算，这就提高了一个层次．如：

**例** 4　求 $\int\frac{(x-1)^3}{x^2}dx$.

解：

$$\int\frac{(x-1)^3}{x^2}dx=\int\frac{x^3-3x^2+3x-1}{x^2}dx$$
$$=\int\left(x-3+\frac{3}{x}-\frac{1}{x^2}\right)dx$$
$$=\frac{2}{7}x^{\frac{7}{2}}-\frac{10}{3}x^{\frac{3}{2}}+c$$
$$=\frac{x^2}{2}-3x+31n|x|+\frac{1}{x}+c$$

**例** 5　求 $\int\frac{1+x+x^2}{x(1+x^2)}dx$.

解：

$$\int\frac{1+x+x^2}{x(1+x^2)}dx=\int\frac{(1+x^2)+x}{x(1+x^2)}dx$$
$$=\int\frac{1}{x}dx+\int\frac{1}{1+x^2}dx$$
$$=1n|x|+\arctan+c$$

**例** 6　求 $\int(1+\sqrt[3]{x})^2dx$.

解：

$$\int(1+\sqrt[3]{x})^2dx=\int(1+2x^{\frac{1}{3}}+x^{\frac{2}{3}})dx$$
$$=\int dx+2\int x^{\frac{1}{3}}dx+\int x^{\frac{2}{3}}dx$$
$$=x+\frac{3}{2}x^{\frac{4}{3}}+\frac{3}{5}x^{\frac{5}{3}}+c$$

**例** 7 求 $\int \cos^2 \frac{x}{2} dx$

解：
$$\int \cos^2 \frac{x}{2} dx = \frac{1}{2}\int (1+\cos x) dx = \frac{1}{2}\int dx + \frac{1}{2}\int \cos x dx$$
$$= \frac{1}{2}x + \frac{1}{2}\sin x + c$$

请同学们总结一下，以上四个例子的变换，实际上是初等数学的什么变换？

## 六、不定积分应用举例

下面我们介绍二个不定积分的简单应用.

**例** 8 已知一曲线经过点(1,3)，并且曲线上任一点的切线的斜率等于该点横坐标的两倍，求该曲线方程.

解：设所求方程为 $y = F(x)$，据题意可得 $F'(x) = 2x$，于是
$$F(x) = \int 2x\mathrm{d}x = x^2 + c$$

因为 $F(1) = 3$，所以 $c = 2$，$y = x^2 + 2$ 就是所求曲线的方程.

**例** 9 设某企业生产某种产品的边际收入为 $210q - 3q^2$（万元/吨），求该企业生产该产品的总收入函数，并求出总收入达到最大值时的产值.

解：设该产品的总收入函数是 $R = R(q)$，据题意，有 $R' = 210q - 3q^2$，所以 $R(q) = \int R'(q)\mathrm{d}q = \int (210q - 3q^2)\mathrm{d}q = 105q^2 - q^3 + c$

因为产量为零时收入为零，即 $R(0) = 0$，所以 $c = 0$，故 $R(q) = 105q^2 - q^3$ 令 $R'(q) = 0$，解得 $q=70$（$q=0$ 舍去），又因为 $R = R(q)$ 的最大值存在，所以产量为 70 吨时，总收入最大.

高等数学在实际工作和生活中有着广泛的应用，如追求最大利润，或降低生产成本，说到底就是寻求目标函数，再求最大值或最小值的问题，因此学好高等数学，就能更好地为社会创造更多的财富.

## 习题 5.1

1. 填空题.

(1) $x^2 + \sin x$ 的一个原函数是__________，而__________ 的原函数是 $x^2 + \sin x$.

(2) $\mathrm{d}\int \cos x\mathrm{d}x =$ __________；$\mathrm{d}\int \cos x$ __________；

$[\int \cos x\mathrm{d}x]' =$ __________；$\int \cos' x\mathrm{d}x =$ __________ ______.

(3) 已知 $f(x)$ 的一个原函数为 $\ln|\sec x + \tan x|$，则$\int f(x)\mathrm{d}x$ __________.

(4)若 $f(x)$ 的一个原函数是 $\sin x$，则 $f(x)$ 的所有原函数为__________.

(5)通过点 (1,1) 的积分曲线 $y = \int x^2\mathrm{d}x$ 为__________.

2. 单项选择题.

(1) $\int f(x)\mathrm{d}x = \mathrm{e}^x\cos x + c$，则 $f(x) =$(　　).

A. $\mathrm{e}^x(\cos x - \sin x)$　　B. $\mathrm{e}^x(\cos x - \sin x) + c$

C. $\mathrm{e}^x\cos x$　　D. $-\mathrm{e}^x\cos x$

(2)若 $F(x)$，$D(x)$ 均为 $f(x)$ 的原函数，则 $F'(x) - G'(x) =$(　　).

A. $f(x)$　　B. 0　　C. $F(x)$　　D. $f'(x)$

(3)用求导验证的方法选择，$\int \sin 2x\mathrm{d}x =$(　　).

A. $-\cos 2x + c$　　B. $\cos x + c$

C. $-\frac{1}{2}\cos 2x + c$　　D. $-2\cos 2x + c$

3. 计算下列不定积分.

(1) $\int \frac{(x^2+x)(x-1)}{x^2}\mathrm{d}x$　　(2) $\int \sqrt{x}(x+1)\mathrm{d}x$

(3) $\int \sqrt{x\sqrt{x}}\mathrm{d}x$　　(4) $\int \frac{e^{2x}-1}{e^x+1}\mathrm{d}x$

4. 应用题.

(1)已知一条曲线上任一点处的切线的斜率等于该点横坐标的倒数，又知曲线过点(1,2)，求该曲线的方程.

(2)设某厂产出某产品 $q$ 单位的总收入 $R$ 是 $q$ 的函数 $R(q)$，边际收入函数为 $R'(q)=50-2q$，如果该产品可在市场上全部售出，求总收入函数 R(q).

# 5.2　不定积分的换元法

## 一、第一换元积分法

有一些不定积分，虽然不能利用直接积分法进行计算，但是通过适当的变量代换后就可以直接积分了.

**(一)换元积分法**

我们首先模仿中学的换元法，来看几个例题.

**例 1**　求下列不定积分.

(1) $\int (2x+1)^2\mathrm{d}x$；

【分析】这是一个复合函数的不定积分，我们把变量 $2x+1$ 看着一个整体，即用中学的换元法，设 $u=2x+1$，被积函数就成为可以直接积分的 $u^2$.

解：设 $u=2x+1$，两边微分得，$\mathrm{d}u=\mathrm{d}(2x+1)$，即 $\mathrm{d}u=2\mathrm{d}x$，$\mathrm{d}x=\frac{1}{2}\mathrm{d}u$.

$$\int (2x+1)^2\mathrm{d}x = \int u^2\ \frac{1}{2}\mathrm{d}u$$
$$= \frac{1}{2}\int u^2\mathrm{d}u$$

$$= \frac{1}{6}u^3 + c$$

$$= \frac{1}{6}(2x+1)^3 + c$$

(2) $\int \frac{1}{1-3x}\mathrm{d}x$；

【分析】这也是一个复合函数的不定积分，用换元法，变量 $u$ 替换变量 $1-3x$，被积函数就成为可以直接积分的 $\frac{1}{u}$.

解：用换元法，设 $u=1-3x$，则 $\mathrm{d}u=d(1-3x)$，即 $\mathrm{d}u=-3\mathrm{d}x$，$\mathrm{d}x=-\frac{1}{3}du$

$$\int \frac{1}{1-3x}\mathrm{d}x = -\frac{1}{3}\int \frac{1}{u}\mathrm{d}u$$

$$= -\frac{1}{3}\ln|1-3x| + c$$

(3) $\int \frac{1}{\sqrt[3]{3-5x}}\mathrm{d}x$；

【分析】这还是一个复合函数的不定积分，用换元法，变量 $u$ 替换中间变量 $3-5x$，被积函数就成为可以直接积分的 $\frac{1}{\sqrt[3]{u}}$，

解：用换元法，不妨设 $u=3-5x$，则 $\mathrm{d}u=\mathrm{d}(3-5x)$，即 $\mathrm{d}u=-5\mathrm{d}x$，$\mathrm{d}x=-\frac{1}{5}\mathrm{d}u$.

$$\int \frac{1}{\sqrt[3]{3-5x}}\mathrm{d}x = -\frac{1}{5}\int \frac{1}{\sqrt[3]{u}}\mathrm{d}u$$

$$= -\frac{1}{5}\int u^{-\frac{1}{3}}\mathrm{d}u$$

$$= -\frac{1}{5} \times \frac{3}{2}u^{\frac{2}{3}} + c$$

$$= -\frac{1}{5} \cdot \frac{3}{2}(3-5x)^{\frac{2}{3}} + c$$

$$= -\frac{3}{10}(3-5x)^{\frac{2}{3}} + c$$

我们学会这种换元法求不定积分的方法后，下面学习凑微分法就容易理解了。

**(二)凑微分法**

**定理1** 若 $f(u)$ 存在原函数 $F(u)$，$u=\phi(x)$ 存在连续导数 $\phi'(x)$，

则 $\int f[\phi(x)]\phi'(x)\mathrm{d}x = \int f[\phi(x)]\mathrm{d}\phi(x) = \int f(u)\mathrm{d}u = F(u) + c$.

这种积分的方法称为第一类换元积分法.

我们来研究两个实例：

(1) $\mathrm{d}x = (\quad)\mathrm{d}(5x+2)$；

因为 $\mathrm{d}(5x+2=5\mathrm{d}x)$，所以 $\mathrm{d}x = \frac{1}{5}d(5x+2)$；

(2) $x\mathrm{d}x = (\quad)\mathrm{d}(7-3x^2)$.

因为 $d(7-3x^2)=-6xdx$ ,所以 $xdx=\left(-\frac{1}{6}\right)d(7-3x^2)$ .

我们再来看以上例 1 问题的另解.

**例** 2　求下列不定积分。

(1) $\int(2x+1)^2dx$ ;

解:这是一个复合函数的不定积分,被积函数不变,凑微分得

$$\int(2x+1)^2 dx=\frac{1}{2}\int(2x+1)^2d(2x+1)$$
$$=\frac{1}{2}\cdot\frac{1}{3}(2x+1)^3+c$$
$$=\frac{1}{6}(2x+1)^3+c$$

(2) $\int\frac{1}{1-3x}dx$ ;

解:这是复合函数的不定积分,被积函数不变,凑微分得

$$\int\frac{1}{1-3x}dx=-\frac{1}{3}\int\frac{1}{1-3x}d(1-3x)$$
$$=-\frac{1}{3}\ln|1-3x|+c$$

(3) $\int\frac{1}{\sqrt[3]{3-5x}}dx$ ;

解:这是复合函数的不定积分,被积函数不变,凑微分得

$$\int\frac{1}{\sqrt[3]{3-3x}}dx=\int-\frac{1}{5}\int\frac{1}{\sqrt[3]{3-5x}}d(3-5x)$$
$$=-\frac{1}{5}\cdot\frac{3}{2}(3-5x)^{\frac{2}{3}}+c$$
$$=-\frac{3}{10}(3-5x)^{\frac{2}{3}}+c$$

以上三个例题,共同的特点就是凑积分变量,再联想有关的不定积分公式,这种换元积分的方法,我们称为“凑微分法”.

**例** 3　求 $\int(5+x)^{10}dx$ .

解:由微分性质 $dx=d(x+5)$ ,只要令 $u=5+x$ 就有

$$\int(5+x)^{10}dx=\int(5+x)^{10}d(5+x)=\int u^{10}du=\frac{1}{11}u^{11}+c=\frac{1}{11}(5+x)^{11}$$

**例** 4　求 $\int e^{6x}dx$ .

解:由于 $dx=\frac{1}{6}d(6x)$ ,于是

$$\int e^{6x}dx=\int\frac{1}{6}e^{6x}d(6x)=\int\frac{1}{6}e^{u}du=\frac{1}{6}e^{u}+c=\frac{1}{6}e^{6x}+c$$

第一类换元积分法形象地被称为凑微分法. 其基本思路是根据不定积分公式的要求,设法

“凑”成不定积分公式型，然后进行计算. 这个过程没有固定的模式，要具体问题具体分析，要想将计算的不定积分转换为用基本公式计算，方法灵活，技巧性强，我们只有多做练习，不断总结才能提高.

**例 5**　求 $\int 2xe^{x^2}\mathrm{d}x$ .

解：
$$\int 2xe^{x^2}\mathrm{d}x = \int e^{x^2}\mathrm{d}x^2 = e^{x^2} + c$$

**例 6**　求 $\int \tan x\mathrm{d}x$ .

解：
$$\int \tan x\mathrm{d}x = \int \frac{\sin x}{\cos x}\mathrm{d}x = \int \frac{-1}{\cos x}\mathrm{d}\cos x = -\ln|\cos x| + c$$

**例 7**　求 $\int \frac{1}{a^2+x^2}dx$ .

解：$\int \frac{1}{a^2+x^2}\mathrm{d}x = \int \frac{1}{a^2}\frac{1}{1+\left(\frac{x}{a}\right)^2}\mathrm{d}x = \frac{1}{a}\int \frac{1}{1+\left(\frac{x}{a}\right)^2}\mathrm{d}\left(\frac{x}{a}\right) = \frac{1}{a}\arctan\frac{x}{a} + c$ .

**例 8**　求 $\int \frac{1}{x\ln x}\mathrm{d}x$ .

解：由于 $(\ln x)' = \frac{1}{x}$ 或 $\frac{1}{x}\mathrm{d}x = \mathrm{d}\ln x$ ，即
$$\int \frac{1}{x\ln x}\mathrm{d}x = \int \frac{1}{\ln x}\mathrm{d}\ln x = \ln|\ln x| + c$$

下面例题可能较复杂，供同学们选学.

**例 9**　求 $\int \frac{\mathrm{d}x}{x^2+2x+3}$ .

解：
$$\begin{aligned}\int \frac{\mathrm{d}x}{x^2+2x+3} &= \int \frac{1}{x^2+2x+1+2}\mathrm{d}x \\ &= \int \frac{1}{(x+1)^2+(\sqrt{2})^2}\mathrm{d}(x+1) \\ &= \frac{1}{2}\arctan\frac{x+1}{\sqrt{2}} + c\end{aligned}$$

## 二、第二类换元积分法

对于我们所掌握的不定积分基本公式以及所采用的积分方法，对于被积函数是无理式的不定积分，未必有效. 本节仅介绍无理式积分的一些基本方法.

**定理 2**　如果 $x = \phi(t)$ 单调、可导，并且 $f(\phi(t)\phi'(t))$ 存在原函数 $F(t)$，那么 $\int f(x)\mathrm{d}x = \int f(\phi(t)\phi'(t))\mathrm{d}t = F(t) + c = F(\phi^{-1}(x)) + c$ .

请看下面的例子.

**例 10**　计算 $\int \frac{1}{1+\sqrt{1+x}}\mathrm{d}x$ .

解：令 $\sqrt{1+x}=t$，于是 $x=t^2-1$，这时 $dx=2t\mathrm{d}t$ 把这些关系式代入原式，得

$$\int\frac{1}{1+\sqrt{1+x}}\mathrm{d}x=\int\frac{1}{1+t}2t\mathrm{d}=\int\left(2-\frac{2}{1+t}\right)\mathrm{d}t=2t-2\ln|1+t|+c$$

在第二换元积分法中，关键的是找到 $x=\phi(t)$．使得对自变量 $x$ 的积分转化为对变量 $t$ 的积分，使积分变得容易一些．下面介绍几种常用的换元方法．

**(一)三角代换(俗称“去根号”运算)**

**例 11** 求 $\sqrt{a^2-x^2}\mathrm{d}x$．

解：令 $x=a\sin t$ 那么，$\mathrm{d}x=a\cos t$，所以有

$$\begin{aligned}\sqrt{a^2-x^2}\mathrm{d}x&=\int\sqrt{a^2-a^2\sin^2 t}a\cos t\mathrm{d}t\\&=a^2\int\cos^2 t\mathrm{d}t\\&=a^2\int\frac{1+\cos 2t}{2}\mathrm{d}t\\&=\frac{a^2}{2}t+\frac{a^2}{4}\sin 2t+c\end{aligned}$$

画出以 $t$ 为锐角，$x$ 为对边，$a$ 为斜边的辅助直角三角形如图 5-2 所示，

$\sin t=\dfrac{x}{a}$，$\cos t=\dfrac{\sqrt{a^2-x^2}}{a}$，

$\sin 2t=2\sin t\cos t=\dfrac{2}{a^2}x\sqrt{a^2-x^2}$，

所以

$\sqrt{a^2-x^2}\mathrm{d}x=\dfrac{a^2}{2}\arcsin\dfrac{x}{a}+\dfrac{x}{2}\sqrt{a^2-x^2}+c$．

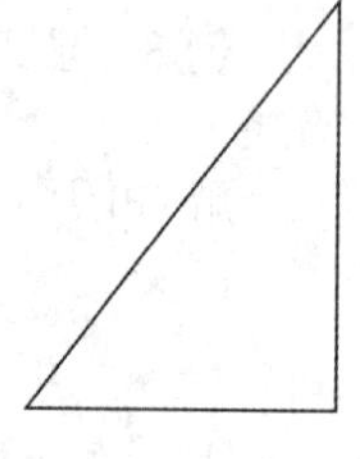

图 5-2

常用的几种三角代换方法．

(1)被积函数形如 $f(x,\sqrt{a^2-x^2})$ 时，可考虑令 $x=a\sin t$（或 $a\cos t$），代入原式后进行计算．

(2)被积函数形如 $f(x,\sqrt{a^2+x^2})$ 时，可考虑令 $x=a\tan t$（或 $a\cot t$），代入原式后进行计算．

(3)被积函数形如 $f(x,\sqrt{x^2-a^2})$ 时，可考虑令 $x=a\sec t$（或 $a\csc t$），代入原式后进行计算．

需说明的是用以上三角函数变换时，在开根号时都是在主值区间内考虑的，所以通常取正号．

**(二)根式代换——去根号**

**例 12** 求 $\int\dfrac{1}{(1+\sqrt[3]{x})\sqrt{x}}\mathrm{d}x$．

解：令 $x=t^6$，$\mathrm{d}x=6t^5\mathrm{d}t$，

$$\begin{aligned}原式&=\int\frac{6t^5}{(1+t^2)t^3}\mathrm{d}t=6\int\frac{t^2}{1+t^2}\mathrm{d}t\\&=6\int\frac{t^2+1-1}{1+t^2}\mathrm{d}t\\&=6\int\left(1-\frac{1}{1+t^2}\right)\mathrm{d}t\end{aligned}$$

$$= 6t - 6\arctan t + c$$

$$= 6\sqrt[6]{x} - 6\arctan\sqrt[6]{x} + c$$

**例 13** 求 $\int \frac{1}{\sqrt{e^x - 1}} dx$.

解:令 $\sqrt{e^x - 1} = t$,则 $x = \ln(t^2 + 1)$ $\quad dx = \frac{2t}{t^2 + 1}$

原式 $= 2\int \frac{1}{t^2 + 1} dt = 2\arctan t + c = 2\arctan\sqrt{e^x - 1} + c$.

上述两例的基本思路是无理函数有理化. 在做无理函数积分时,思路要开阔,技巧要灵活. 有的情况下,这样做可能就计算不出结果;有的情况下,即使能算出结果,但计算量相当大,我们在练习中去总结,题目类型做多了,思路自然就会开阔起来.

## 习题 5.2

1. 填空题.

(1) $2^x dx = d$ ________ (2) $\frac{1}{x} dx = d$ ________

(3) $\frac{1}{\sqrt{x}} dx = d$ ________ (4) $x e^{x^2} dx = d$ ________

(5) $(3x^2 + 1) dx = d$ ________ (6) $x\sqrt{x^2 - 1} dx = d$ ________

(7) $(2x + 1)^2 dx = d$ ______ (8) $(ax + b)^m dx = d$ ________

(9) $\sin(ax + b) dx = d$ ________ (10) $\cos(\omega x + \phi) dx = d$ ______

2. 计算不定积分.

(1) $\int (2x - 1)^{12} dx$ (2) $\int \frac{1}{\sqrt{9 - x^2}} dx$

(3) $\int 3^{2-5x} dx$ (4) $\int \frac{1}{1 - x^2} dx$

(5) $\int \cos(\omega x + \phi) dx$ (6) $\int \sqrt{x + a dx}$

(7) $\int \frac{2}{3 + 2x} dx$ (8) $\int \sin mx \cos mx \, dx$

(9) $\int \frac{1}{a^2 - x^2} dx$

3. 计算不定积分.

(1) $\int \frac{1}{1 + \sqrt{x}} dx$ (2) $\int \frac{\sqrt{2x + 1}}{1 + \sqrt{2x + 1}} dx$

(3) $\int \frac{x^2}{\sqrt{1 - x^2}} dx$ (4) $\int x \frac{\sqrt{x^2 - 9}}{x} dx$

# 5.3 不定积分的分部积分法

分部积分法是微积分学中一类重要的、基本计算不定积分的方法. 它的主要原理是利用两个相乘函数的微分公式，将所要求的不定积分转化为另外较为简单的函数的不定积分.

前面所介绍的不定积分方法，都是把一种类型的不定积分转换成另一种便于计算的不定积分. 鉴于这样一种思想，借助于两个函数乘积的求导法则，来实现积分转换，这就是下面将要学习的分部积分法.

我们讲导数时，知道

$$[u(x)v(x)]' = u'(x)v(x) + u(x)v'(x)$$

从而有

$$u(x)v(x) = \int u'(x)v(x)\mathrm{d}x + \int u(x)v'(x)\mathrm{d}x$$

移项得

$$\int u(x)v'(x)\mathrm{d}x = u(x)v(x) - \int u'(x)v(x)\mathrm{d}x$$

或

$$\int u(x)\mathrm{d}v(x) = u(x)v(x) - \int v(x)\mathrm{d}u(x)$$

我们称这个公式为分部积分公式.

当 $\int u(x)v'(x)\mathrm{d}x$ 不容易积分，但 $\int u'(x)v(x)\mathrm{d}x$ 容易积分时，我们就可以用分部积分把不容易积分的 $\int u(x)v'(x)\mathrm{d}x$ 计算出来。

**例 1** 求 $\int xe^x\mathrm{d}x$.

解：

$$\int x\mathrm{e}^x\mathrm{d}x = \int x\mathrm{d}\mathrm{e}^x = x\mathrm{e}^x - \int \mathrm{e}^x\mathrm{d}x = x\mathrm{e}^x - \mathrm{e}^x + c$$

在这个例题中，如果先选择 $x$ 放到微分符号里面去，就有

$$\int x\mathrm{e}^x\mathrm{d}x = \int \mathrm{e}^x\mathrm{d}(\frac{1}{2}x^2) = \frac{1}{2}x^2\mathrm{d}(\mathrm{e}^x) = \frac{1}{2}x^2\mathrm{e}^x - \frac{1}{2}\int x^2\mathrm{e}^x\mathrm{d}x$$

这样做非但没有解决问题，反而使得积分式比原来的积分式更复杂了. 按这样的选择方式进行下去，是解决不了问题的. 这个例题说明，合理选择 $u$ 和 $v$，是用好分部积分法计算不定积分的关键.

**例 2** 求 $\int x\cos x\mathrm{d}x$.

解：若令 $u = x, v' = \cos x \Rightarrow v = \sin x$，代入分部积分公式

$$\int x\cos x\mathrm{d}x = x\sin x - \int \sin x\mathrm{d}x = x\sin x + \cos x + c$$

但若令 $u = \cos x, v' = x \Rightarrow v = x^2/2$，代入分部积分公式

$$\int x\cos x\mathrm{d}x = \frac{x^2}{2}\cos x + \frac{1}{2}\int x^2\sin x\mathrm{d}x$$

这个积分比原积分还复杂，因此，在用分部积分公式时，$u, v$ 的选择不是随意的，那个作 $u$，那个作 $v$，应适当选取，否则有可能计算很复杂甚至计算不出来.

分析分部积分公式，我们可总结出下面一个原则：

一般应把(相比之下)容易积分，积分后比较简单的函数作为 $v'$，积分较难或积分后比较复杂的函数作为 $u$.

**例 3**　求 $\int x\sin 3x\mathrm{d}x$ .

解：$\int x\sin 3x\mathrm{d}x = \int x\mathrm{d}(-\frac{1}{3}\cos 3x)$

$$= -\frac{x}{3}\cos 3x + \frac{1}{3}\int \cos 3x\mathrm{d}x$$

$$= -\frac{x}{3}\cos 3x + \frac{1}{9}\sin 3x + c$$

**例 4**　求 $\int \ln x\mathrm{d}x$

解：

$$\int \ln x\mathrm{d}x = x\ln x - \int x\mathrm{d}\ln x$$

$$= x\ln x - \int x.\frac{1}{x}\mathrm{d}x$$

$$= x\ln x - x + c$$

或，令 $\ln x = t, x = \mathrm{e}^t$

$$原式= \int t\mathrm{d}\mathrm{e}^t = t\mathrm{e}^t - \int \mathrm{e}^t\mathrm{d}t$$

$$= t\mathrm{e}^t - \mathrm{e}^t + c$$

$$= x\ln x - x + c$$

**例 5**　求 $\int x\ln x\mathrm{d}x$ .

解：

$$\int x\ln x\mathrm{d}x = \frac{1}{2}\int \ln x\mathrm{d}x^2$$

$$= \frac{1}{2}[x^2\ln x - \int x^2\mathrm{d}\ln x]$$

$$= \frac{1}{2}[x^2\ln x - \int x\mathrm{d}x]$$

$$= \frac{1}{2}[x^2\ln x - \frac{1}{2}x^2] + c$$

$$= \frac{1}{2}x^2\ln x - \frac{1}{4}x^2 + c$$

**例 6**　求 $\int x^2\ln x\mathrm{d}x$ .

解：

$$\int x^2\ln x\mathrm{d}x = \int \ln x\mathrm{d}(\frac{1}{3}x^3)$$

$$= \frac{x^3}{3}\ln x - \frac{1}{3}\int x^3\mathrm{d}\ln x$$

$$= \frac{x^3\ln x}{3} - \frac{1}{3}\int x^2\mathrm{d}x$$

$$= \frac{x^3}{3}\ln x - \frac{1}{9}x^3 + c$$

**例 7**　求 $\int \arctan x\mathrm{d}x$ .

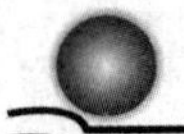



解：
$$\int \arctan x\mathrm{d}x = x\arctan x - \int x\mathrm{d}\arctan x$$
$$= x\arctan x - \int \frac{x}{1+x^2}\mathrm{d}x$$
$$= x\arctan x - \frac{1}{2}\ln(1+x^2) + c$$

**例** 8　求 $\int x^2 \mathrm{e}^x \mathrm{d}x$ .

解：
$$\int x^2\mathrm{e}^x\mathrm{d}x = \int x^2\mathrm{d}\mathrm{e}^x$$
$$= x^2\mathrm{e}^x - \int \mathrm{e}^x\mathrm{d}x^2$$
$$= x^2\mathrm{e}^x - 2\int x\mathrm{e}^x\mathrm{d}x$$
$$= x^2\mathrm{e}^x - 2(x\mathrm{e}^x - \int \mathrm{e}^x\mathrm{d}x)$$
$$= x^2\mathrm{e}^x - 2x\mathrm{e}^x + 2\mathrm{e}^x + c$$

此例说明：分部积分公式可以连续使用.

**例** 9　求 $\int x\arctan x\mathrm{d}x$ .

解：
$$\int x\arctan x\mathrm{d}x = \frac{1}{2}\int \arctan x\mathrm{d}x^2$$
$$= \frac{1}{2}[x^2\arctan x - \int x^2\mathrm{d}\arctan x]$$
$$= \frac{1}{2}[x^2\arctan x - \int \frac{x^2}{1+x^2}\mathrm{d}x]$$
$$= \frac{1}{2}[x^2\arctan x - \int (1 - \frac{1}{1+x^2})\mathrm{d}x]$$
$$= \frac{1}{2}[x^2\arctan x - x + \arctan x] + c$$

后面两个例子说明，需要连续使用分部积分法，方能完成积分计算.

上面这些例子再一次说明，正确选择 $u$ 和 $v$ 是分部积分法的关键. 一般而言，如果被积函数中出现反三角函数、对数函数、幂函数、三角函数、指数函数时，可依次选择它们当作 $u$ .

有些情况下，多次分部积分后会出现循环现象，中间结果部分又回到原来的不定积分. 此时可以通过解方程求出该不定积分.

**例** 10　求 $\int \mathrm{e}^x\sin x\mathrm{d}x$ .

解：
$$\int \mathrm{e}^x\sin x\mathrm{d}x = \int \sin x\mathrm{d}e^x$$
$$= \mathrm{e}^x\sin x - \int \mathrm{e}^x\mathrm{d}\sin x$$
$$= \mathrm{e}^x\sin x - \int \mathrm{e}^x\cos x\mathrm{d}x$$

$$= e^x \sin x - (d\cos x de^x)$$

$$= e^x \sin x - (e^x \cos x - \int e^x d\cos x)$$

$$= e^x \sin x - e^x \cos x - \int e^x \sin x dx$$

因此得

$$2\int e^x \sin x dx = e^x(\sin x - \cos x)$$

即

$$\int e^x \sin x dx = \frac{1}{2}e^x(\sin x - \cos x) + c$$

关于不定积分的技巧问题，再作一点说明。求不定积分时，往往运用的方法是多样的，到底选用哪种方法？选用的标准就看哪种方法省时省力．例如，求 $\int \frac{\cos x}{1+\sin x}dx$，如果将 $\cos x dx$ 写成 $d(1+\sin x)$，则不定积分立即就可得出结果．

另外，对于初等函数，在其定义的区间上原函数是一定存在的，但是，我们应当明白：原函数存在并不等于原函数都可以用初等函数表示出来，如 $\int \frac{dx}{\ln x}$；$\int \frac{\sin x}{x}dx$ 等看起来简单，然而它们的原函数不能用初等函数的有限式表示出来．

## 习题 5.3

1. 填空题．

(1) 设函数 $f(x)$ 的二阶导数 $f''(x)$ 是连续的，那么 $\int xf''(x)dx =$ ________．

(2) $\int [f(x) + xf'(x)]dx =$ ________．

(3) 已知函数 $f(x)$ 的某个原函数为 $\sin x$，则 $\int xf'(x)dx =$ ________．

2. 计算不定积分．

(1) $\int x\sin x dx$　　(2) $\int x\arctan x dx$

(3) $\int e^x \cos x dx$　　(4) $\int xe^{-x}dx$

(5) $\int x^2 \cos x dx$　　(6) $\int x\tan^2 x dx$

3. 设 $f(x)$ 的原函数为 $\frac{\sin x}{x}$，试求 $\int xf'(x)dx$．

# 第六章 定 积 分

1. 从实际问题出发，全面正确理解定积分的概念.
2. 掌握定积分的基本性质.
3. 熟练掌握定积分的计算方法：牛顿—莱布尼茨公式、换元法和分部积分法.

## 6.1 定积分的概念与性质

### 一、引例

**(一)曲边梯形的面积**

设连续函数 $f(x) \geqslant 0 (x \in [a,b])$，求由曲线 $y = f(x)$，直线 $x = a$，$x = b$ 及 $x$ 轴所围成的曲边梯形的面积 $A$.

分析：(1)如果 $f(x)$ 在$[a,b]$上是常数，如 $f(x) = c$（见图 6－1），那么曲边梯形是一个矩形，面积容易求出 $A = c(b - a)$.

(2)如果 $f(x)$ 是一条曲线（见图 6－2），由于底上每一点的高度是可变的，又如何求曲边梯形的面积呢？

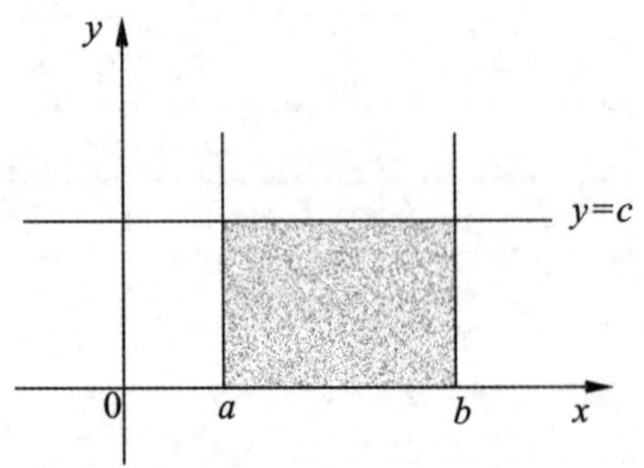


图 6－1

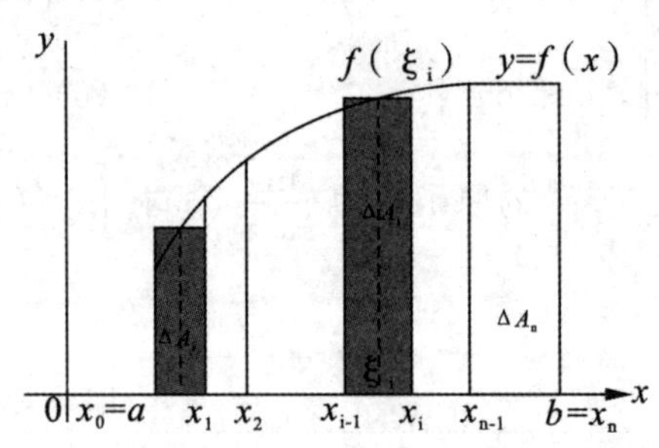


图 6－2

为了解决这个问题,分三步进行.

(1)分割:在区间 $a,b$ 上任意地插入 $n-1$ 个分点.

$$a=x_0<x_1<x_2<\cdots<x_{i-1}<x_i<\cdots<x_{n-1}<x_n=b$$

将区间 $[a,b]$ 分划成 $n$ 个小区间 $I_i=[x_{i-1},x_i](i=1,2,\cdots,n)$ ,且记小区间的长度为

$$\Delta x_i=x_i-x_{i-1}(i=1,2,\cdots,n)$$

(2)求 $A$ 的近似值:过每个分点作平行于 $y$ 轴的直线段,这些直线段将曲边梯形分划成 $n$ 个小的曲边梯形,用 $\Delta A_i$ 记第 $i$ 个小曲边梯形的面积。由于曲边 $f(x)$ 在 $[a,b]$ 上是连续变化的,但在很小的一段区间 $[x_{i-1},x_i]$ 上的变化是很小的,即可近似地视为不变.这样一来,对第 $i$ 个窄小曲边梯形,在其对应区间 $I_i=[x_{i-1},x_i]$ 上任意地取一点 $\xi$ ,以 $f(\xi_i)$ 作为近似高,则

$$\xi\Delta\xi A_i\approx f(\xi_i)\Delta x_i(i=1,2,3,\cdots,n)$$

于是

$$A\approx\sum_{i=1}^{n}\Delta A_i=\sum_{i=1}^{n}f(\xi_i)\Delta x_i$$

(3)求 $A$ 的精确值:显然当小区间 $I_i=[x_{i-1},x_i]$ 的长度 $\Delta x_i$ 越小, $\Delta A_i\approx f(\xi_i)\Delta x_i$ 近似程度就越高;使得 $A\approx\sum_{i=1}^{n}f(\xi_i)\Delta x_i$ 近似程度越高,于是为了得到面积 $A$ 的精确值,我们只需将区间 $[a,b]$ 无限地细分,使得每个小区间的长度都趋向于零。

若记 $\lambda=\max\{\Delta x_1,\Delta x_2,\cdots,\Delta x_n\}$ ,当 $\lambda\to 0$ 时,就得到面积 $A$ 的精确值,即

$$A=1\lim_{\lambda\to 0}\sum_{i=1}^{n}f(\xi_i)\Delta x_i$$

**(二)变速直线运动的路程**

设某物体作变速直线运动,已知速度 $v=v(t)$ 是时间间隔 $[t_1,t_2]$ 上的连续函数,且 $v(t)\geqslant 0$ ,求物体在时间间隔 $[t_1,t_2]$ 内所经过的路程.由于物体做变速运动,因此,不能用匀速运动的计算方法来计算路程,我们分三步来计算.

(1)分割,在时间间隔 $[t_1,t_2]$ 内任意地插入 $n-1$ 个分点

$$T_1=t_0<t_1<t_2<\cdots<t_{i-1}<t_i<\cdots<t_{n-1}<t_n=T_2$$

将区间 $[t_1,t_2]$ 分划成 $n$ 个时间段

$$[t_0,t_1]\quad[t_1,t_2]\cdots[t_{i-1},t_i]\cdots[t_{n-1},t_n]$$

各时间段的长度依次为

$$\Delta t_1=t_1-t_0,\Delta t_2=t_2-t_1\cdots\Delta t_i=t_i-t_{i-1}\cdots\Delta t_n=t_n-t_{n-1}$$

记各时间区间内物体运动所经过的路程依次为

$$\Delta S_1,\Delta S_2\cdots\Delta S_i\cdots\Delta S_n$$

(2)求近似值:在时间间隔 $[t_{i-1},t_i]$ 内,物体所经过的路程 $\Delta S_i$ 的近似值为

$$\Delta S_i\approx v(\xi_i)\Delta t_i(i=1,2\cdots n)$$

这里,将物体在 $[t_{i-1},t_i]$ 上的速度视为不变的,用 $v(\xi_i)$ 来近似代替.

于是,运动物体在时间间隔 $[t_1,t_2]$ 内所经过路程 $S$ 的近似值为

$$S\approx\sum_{i=1}^{n}\Delta S_i=\sum_{i=1}^{n}v(\xi_i)\Delta t_i$$

(3)求 $S$ 的精确值:若记 $\lambda=\max\{\Delta x_1,\Delta x_2\cdots\Delta x_n\}$ ,当 $\lambda\to 0$ 时, $S$ 的精确为

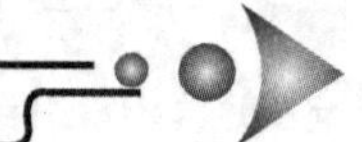

$$S = \lim_{\lambda \to 0} \sum_{i=1}^{n} v(\xi_i) \Delta t_i$$

上述两例，尽管其实际意义不同，但有两点是一致的.

(1)曲边梯形的面积 $A$ 由曲线 $y = f(x)$ 及 $x$ 的变化区间 $[a,b]$ 来决定；

变速直线运动的路程 $S$ 由速度 $v = v(t)$ 及 $t$ 的变化区间 $[t_1,t_2]$ 来决定.

(2)计算 $A$ 与 $S$ 的方法、步骤相同，且均归结到一种结构完全相同的和式极限

$$A = \lim_{\lambda \to 0} \sum_{i=1}^{n} f(\xi_i) \Delta x_i \qquad S = \lim_{\lambda \to 0} \sum_{i=1}^{n} v(\xi_i) \Delta t_i$$

抛开上述问题的实际意义，根据数量关系上的共同属性，我们引入定积分概念.

## 二、定积分的概念

**定义** 设函数 $f(x)$ 在 $[a,b]$ 上连续且有界，在 $[a,b]$ 中任意插入 $n-1$ 个分点

$$a = x_0 < x_1 < x_2 < \cdots < x_{i-1} < x_i < \cdots < x_{n-1} < x_n = b$$

把区间分划成 $n$ 个小区间

$$[x_0,x_1],[x_1,x_2]\cdots[x_{i-1},x_i]\cdots[x_{n-1},x_n]$$

各区间的长度依次为

$$\Delta x_1 = x_1 - x_0, \Delta x_2 = x_2 - x_1 \cdots \Delta x_i = x_i - x_{i-1} \cdots \Delta x_n = x_n - x_{n-1}$$

在每个小区间 $[x_{i-1},x_i]$ 上任取一点 $\xi_i(x_{i-1} \leqslant \xi_i \leqslant x_i)$，作函数值 $f(\xi_i)$ 与小区间长度 $\Delta x_i$ 的乘积 $f(\xi_i)\Delta x_i(i = 1,2,3\cdots n)$ 并作和式 $S = \sum\limits_{i-1}^{n} f(\xi_i)\Delta x$，记 $\lambda = \max\{\Delta x_1, \Delta x_2 \cdots \Delta x_n\}$，如果不论对区间 $[a,b]$ 上怎样的分法，也不论对小区间 $[x_{i-1},x_i]$ 上的点 $\xi_i$ 怎样的取法，当 $\lambda \to 0$ 时，和 $S$ 总趋向于确定的常数值 $I$，我们称这个极限值 $I$ 为函数 $f(x)$ 在区间 $[a,b]$ 上的定积分，记作 $\int_a^b f(x)\mathrm{d}x$，即

$$\int_a^b f(x)\mathrm{d}x = \lim_{\lambda \to 0} \sum_{i=1}^{n} f(\xi_i) \Delta x_i$$

其中，$f(x)$ 叫做被积函数；$f(x)\mathrm{d}x$ 叫做被积表达式；$x$ 叫做积分变量；$[a,b]$ 叫做积分区间；$a$ 叫做积分下限；$b$ 叫做积分上限.

如果 $f(x)$ 在 $[a,b]$ 上的定积分存在，我们就说 $f(x)$ 在 $[a,b]$ 上可积.

## 三、定积分的几何意义

从图形上看，$\int_a^b f(x)\mathrm{d}x$ 表示由曲线 $y = f(x)$，直线 $x = a$，$x = b$ 及 $x$ 轴所围成的曲边梯形的面积 $A$（见图 6-3).

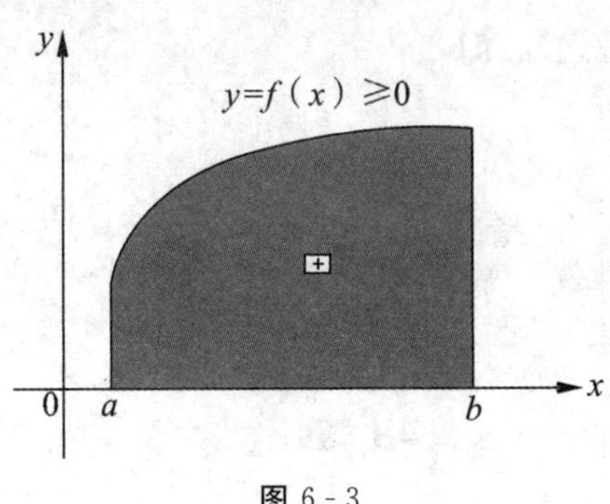


图 6 - 3

当 $f(x)\geqslant 0$ 时，$\int_a^b f(x)\mathrm{d}x = A$；当 $f(x)\leqslant 0$ 时，$\int_a^b f(x)\mathrm{d}x = -A$.

定积分 $\int_a^b f(x)\mathrm{d}x$ 是一个数值，其大小与被积函数 $f(x)$ 有关，与积分区间 $[a,b]$ 有关. 而与区间的分法无关，与小区间 $[x_{i-1},x_i]$ 上的点 $\xi_i$ 的取法无关，也与积分变量所选用的字母无关，即

$$\int_a^b f(x)\mathrm{d}x = \int_a^b f(u)\mathrm{d}u = \int_a^b f(t)\mathrm{d}t$$

为了以后计算和应用方便，特规定

$$\int_a^b f(x)\mathrm{d}x = -\int_a^b f(x)\mathrm{d}x$$

特别地，当 $a=b$ 时，规定

$$\int_a^b f(x)\mathrm{d}x = 0$$

一个函数 $f(x)$ 在 $[a,b]$ 上应满足怎样的条件，函数才可积呢？对于这个问题，我们在这里不作深入讨论，仅给出下列两个定理.

**定理 1** 设 $f(x)$ 在区间 $[a,b]$ 上连续，则 $f(x)$ 在 $[a,b]$ 上可积.

**定理 2** 设 $f(x)$ 在区间 $[a,b]$ 上有界，且只有有限个间断点，则 $f(x)$ 在 $[a,b]$ 上可积.

## 四、定积分的性质

设 $f(x)$，$g(x)$ 在同一区间上都可积，下面讨论定积分的性质.

**性质 1** 两个函数和(或差)的定积分等于它们的定积分的和(或差)，即

$$\int_a^b [f(x)\pm g(x)]\mathrm{d}x = \int_a^b f(x)\mathrm{d}x \pm \int_a^b g(x)\mathrm{d}x$$

【注】性质 1 对有限个函数代数和的积分也成立.

**性质 2** 被积函数的常数因子可以提到定积分符号前面，即

$$\int_a^b kf(x)\mathrm{d}x = k\int_a^b f(x)\mathrm{d}x\ (k\ \text{为常数})$$

**性质 3**（定积分的比较性质） 如果在 $[a,b]$ 上有 $f(x)\geqslant g(x)$，则

$$\int_a^b f(x)\mathrm{d}x \geqslant \int_a^b g(x)\mathrm{d}x \quad (a<b)$$

**性质 4**（定积分的区间可加性） 若将定积分区间分为两部分，则函数在整个区间上的定积

分等于这两部分区间上定积分之和，即

$$\int_a^b f(x)\mathrm{d}x = \int_a^b f(x)\mathrm{d}x + \int_a^b f(x)\mathrm{d}x$$

**性质** 5(定积分的估值性质) 设 $M,m$ 分别为 $f(x)$ 在区间 $[a,b]$ 上的最大、最小值，则有

$$m(b-a) \leqslant \int_a^b f(x)\mathrm{d}x \leqslant M(b-a)$$

## 习题 6.1

1. 画出下列用定积分表示的曲边梯形的面积.

(1) $\int_2^5 \mathrm{d}x$　　(2) $\int_1^2 \mathrm{e}^x \mathrm{d}x$　　(3) $\int_{-2}^2 x^2 \mathrm{d}x$

2. 利用定积分的几何意义，说明下列等式的含义：

(1) $\int_2^4 (x+1)\mathrm{d}x = 8$　　(2) $\int_1^3 2x\mathrm{d}x = 8$

(3) $\int_1^2 x^3 \mathrm{d}x = \frac{15}{4}$　　(4) $\int_0^{2\pi} \cos x\mathrm{d}x = 0$

(5) $\int_0^a \sqrt{a^2-x^2}\mathrm{d}x = \frac{\pi}{4}a^2$

3. 不计算积分，比较下列各组积分值的大小.

(1) $\int_1^2 x^3 \mathrm{d}x$ 与 $\int_1^2 x^2 \mathrm{d}x$　　(2) $\int_{-1}^0 \mathrm{e}^{-x} \mathrm{d}x$ 与 $\int_{-1}^0 \mathrm{e}^x \mathrm{d}x$

(3) $\int_0^{\frac{\pi}{4}} \cos x\mathrm{d}x$ 与 $\int_0^{\frac{\pi}{4}} \sin x\mathrm{d}x$　　(4) $\int_1^2 (\ln x)^2 \mathrm{d}x$ 与 $\int_1^2 \ln x\mathrm{d}x$

4. 估定下列积分值

(1) $\int_{-1}^3 \frac{x}{1+x^2}\mathrm{d}x$　　(2) $\int_0^{\frac{\pi}{2}} \mathrm{e}^{\sin x}\mathrm{d}x$

# 6.2 定积分的计算

根据定积分的定义来计算定积分比较复杂，有时甚至不可能计算. 下面介绍的牛顿—莱布尼茨公式为我们提供了计算定积分的有效而简便的方法.

**定理** 如果 $f(x)$ 在区间 $[a,b]$ 上连续，$F(x)$ 为 $f(x)$ 在区间 $[a,b]$ 上的一个原函数，则

$$\int_a^b f(x)\mathrm{d}x = F(b) - F(a)\text{，记为} F(x)\big|_a^b \text{ 或 } [F(x)]_a^b$$

上述公式是由牛顿和莱布尼茨(Newton - Leibniz)在 17 世纪首先发现的，故称牛顿—莱布尼茨公式，它是积分学中最基本的公式.

牛顿—莱布尼茨公式揭示了积分学中不定积分与定积分的内在联系。不定积分是作为导数(或微分)的逆运算引入的，所以也可以说它建立了微分学与积分学之间的联系，由于这个原因，通常也称之为微积分基本公式.

需要强调的是在用此公式求定积分时，先求出 $f(x)$ 在区间 $[a,b]$ 上的一个原函数 $F(x)$. 然后再计算 $F(b)$ 与 $F(a)$ 之差.

**例 1**　计算 $\int_1^4 \frac{dx}{x}$

解：因为 $\ln|x|$ 是 $\frac{1}{x}$ 的一个原函数，所以 $\int_1^4 \frac{dx}{x}[\ln|x|]_1^4 = \ln 4$

**例 2**　计算 $\int_0^3 x^2 dx$ .

解：因为是 $x^2$ 的一个原函数，所以 $\int_0^3 x^2 dx\left[\frac{1}{3}x^3\right]_0^3 = 9 - 0 = 9$

在计算熟练后，可以两步拼作一步走. 同时，在作积分计算时，方法要灵活.

**例 3**　求 $\int_1^3 (3x^2 + \frac{1}{x})dx$

解：

$$\begin{aligned}\int_1^3 (3x^2 + \frac{1}{x})dx &= \int_1^3 3x^2 dx + \int_1^3 \frac{1}{x}dx \\ &= [x^3]_1^3 + [\ln|x|]_1^3 \\ &= 27 - 1 + \ln 3 - \ln 1 \\ &= 26 + \ln 3\end{aligned}$$

**例 4**　求 $\int_0^{\frac{\pi}{2}} 2\sin^2\frac{x}{2}dx$ .

解：

$$\begin{aligned}\int_0^{\frac{\pi}{2}} 2\sin^2\frac{x}{2}dx &= \int_0^{\frac{\pi}{2}} (1 - \cos x)dx \\ &= \int_0^{\frac{\pi}{2}} dx - \int_0^{\frac{\pi}{2}} \cos x dx \\ &= [x]_0^{\frac{\pi}{2}} - [\sin x]_0^{\frac{\pi}{2}} \\ &= \frac{\pi}{2} - \sin\frac{\pi}{2} + \sin 0 \\ &= \frac{\pi}{2} - 1\end{aligned}$$

**例 5**　求 $\int_0^2 \frac{x^2}{1+x^2}dx$ .

解：

$$\begin{aligned}\int_0^2 \frac{x^2}{1+x^2}dx &= \int_0^2 \frac{x^2+1-1}{1+x^2}dx \\ &= \int_0^2 (1 - \frac{1}{1+x^2})dx \\ &= [x - \arctan x]_0^2 \\ &= 2 - \arctan 2\end{aligned}$$

**例 6**　求 $\int_{-1}^2 |x|dx$ .

解：由于

$$f(x) = |x| = \begin{cases} x(0 \leqslant x \leqslant 3) \\ -x(-1 \leqslant x \leqslant 0) \end{cases}$$

于是

$$\begin{aligned}\int_{-1}^3 |x|dx &= \int_{-1}^0 -xdx + \int_0^3 xdx \\ &= \left[-\frac{1}{2}x^2\right]_{-1}^0 + \left[\frac{1}{2}x^2\right]_0^3\end{aligned}$$

$$= \frac{1}{2} + \frac{9}{2}$$
$$= 5$$

## 习题 6.2

1. 求下列定积分.

(1) $\int_{-2}^{1} |x| \mathrm{d}x$　　(2) $\int_{1}^{2} \sqrt[4]{x} \mathrm{d}x$

(3) $\int_{0}^{1} \frac{1}{\sqrt{4-x^2}} \mathrm{d}x$　　(4) $\int_{-e-1}^{-2} \frac{\mathrm{d}x}{x+1}$

(5) $\int_{1}^{2} \frac{\ln x}{x} \mathrm{d}x$　　(6) $\int_{0}^{2\pi} \sqrt{1-\cos 2x} \mathrm{d}x$

(7) $\int_{\frac{\pi}{2}}^{\frac{\pi}{2}} (\cos x)^2 \mathrm{d}x$

2. $f(x) = \begin{cases} 4x-1, x \leqslant \frac{\pi}{2} \\ \sin x, x > \frac{\pi}{2} \end{cases}$，求 $\int_{0}^{\pi} f(x) \mathrm{d}x$

3. 求由 $y = \sqrt{x}$ 与直线 $x = 4, x = 9$ 及 $x$ 轴所成的图形的面积.

# 6.3 换元法与分部积分法

由上一节知道，定积分的计算方法与不定积分的计算联系十分紧密，常常一个定积分可以先通过计算一个相应的不定积分来实现. 因此定积分的计算也有换元积分法与分部积分法.

## 一、定积分的换元法

**定理** 1（定积分换元积分法）　如果 $f(x)$ 在区间 $[a,b]$ 上连续，函数 $x = \phi(x)$ 在 $[\alpha,\beta]$ 上有连续导数，且满足 $\phi(\alpha) = a, \phi(\beta) = b, a \leqslant \phi(t) \leqslant b, t \in [\alpha,\beta]$，则有

$$\int_{a}^{b} f(x) \mathrm{d}x = \int_{\alpha}^{\beta} [\phi(t)] \phi'(t) \mathrm{d}t$$

从上述定理看到，用换元法计算定积分时，引入新变量后，可直接计算出结果，不必有变量回代的过程. 但要注意，在换元的同时必须重新计算积分的上下限.

**例** 1　计算 $\int_{0}^{4} \frac{\mathrm{d}x}{1+\sqrt{x}}$.

解：令 $\sqrt{x} = t$，则 $x = t^2, \mathrm{d}x = 2t\mathrm{d}t$，当 $x = 0$ 时，$t = 0$；当 $x = 4$ 时，$t = 2$；所以

$$原式 = \int_{0}^{2} \frac{2t\mathrm{d}t}{1+t} = 2\int_{0}^{2} [1 - \frac{1}{1+t}] \mathrm{d}t = [2(t - \ln(1+t))]_{0}^{2} = 4 - 2\ln 3$$

**例** 2　计算 $\int_{0}^{a} \sqrt{a^2 - x^2 \mathrm{d}x}$.

解：令 $x = a\sin t$，则 $\sqrt{a^2 - x^2} = a\cos t, \mathrm{d}x = a\cos t\mathrm{d}t$，

$x=0, t=0; x=a, t=\frac{\pi}{2}$，原式 $=\int_0^a a\cos t\cdot a\cos t\mathrm{d}t=a^2\int_0^{\frac{\pi}{2}}\frac{1+\cos 2t}{2}\mathrm{d}t=\frac{a^2}{2}(t+\frac{1}{2}\sin 2t)\Big|_0^{\frac{\pi}{2}}=\frac{\pi}{4}a^2$

**例 3**　计算 $\int_0^{\frac{\pi}{2}}\sin t\cos^2 t\mathrm{d}t$ .

解：令 $x=\cos t$ ，$\mathrm{d}x=-\sin t\mathrm{d}t$ ，当 $t$ 由 0 变到 $\frac{\pi}{2}$ 时，$x$ 由 1 减到 0，则有

$$\int_0^{\frac{\pi}{2}}\sin t\cos^2 t\mathrm{d}t=-\int_1^0 x^2\mathrm{d}x=\int_0^1 x^2\mathrm{d}x=\frac{1}{3}$$

**例 4**　如果 $f(x)$ 在区间 $[-a,a]$ 上连续，证明：

(1)若 $f(x)$ 为偶函数，则 $\int_{-a}^a f(x)\mathrm{d}x=2\int_0^a f(x)\mathrm{d}x$ ；

(2)若 $f(x)$ 为奇函数，则 $\int_{-a}^a f(x)\mathrm{d}x=0$ .

证明：$\int_{-a}^a f(x)\mathrm{d}x=\int_{-a}^0 f(x)\mathrm{d}x+\int_0^a f(x)\mathrm{d}x$ .

对 $\int_{-a}^a f(x)\mathrm{d}x$ ，令 $x=-t$ ，则

$$\int_{-a}^a f(x)\mathrm{d}x=\int_a^0 f(-t)\mathrm{d}(-t)=\int_0^a f(-t)\mathrm{d}t \text{ 记为}\int_0^a f(-x)\mathrm{d}x$$

得

$$\int_{-a}^a f(x)\mathrm{d}x=\int_0^a[f(x)+f(-x)]\mathrm{d}x$$

(1)若 $f(x)$ 为偶函数，则 $f(-t)=f(t)$ ，故 $\int_{-a}^a f(x)\mathrm{d}x=2\int_0^a f(x)\mathrm{d}x$ .

(2)若 $f(x)$ 为奇函数，则 $f(-t)=-f(t)$ ，故 $\int_{-a}^a f(x)\mathrm{d}x=0$ .

**例 5**　利用例 4 的结论求 $\int_{-1}^1\frac{x+1}{x^2+1}\mathrm{d}x$ .

解：由 $\int_{-1}^1\frac{x+1}{x^2+1}\mathrm{d}x=\int_{-1}^1\frac{x}{x^2+1}\mathrm{d}x+\int_{-1}^1\frac{1}{x^2+1}\mathrm{d}x$ ，

而 $y=\frac{x}{1+x^2}$ 是奇函数，所以 $\int_{-1}^1\frac{x}{x^2+1}\mathrm{d}x=0$ .

又 $y=\frac{x}{1+x^2}$ 是偶函数，所以 $\int_{-1}^1\frac{x+1}{x^2+1}\mathrm{d}x=2\int_0^1\frac{x}{x^2+1}\mathrm{d}x=2\arctan x\Big|_0^1=\frac{\pi}{2}$ .

于是，积分 $\int_{-1}^1\frac{x+1}{x^2+1}\mathrm{d}x=\frac{\pi}{2}$ .

## 二、定积分的分部积分法

**定理** 2(定积分分部积分法)　若 $u(x)$ ，$v(x)$ 为 $[a,b]$ 上的连续可微函数，则有

$$\int_a^b u(x)v'(x)\mathrm{d}x=u(x)v(x)\Big|_a^b-\int_a^b u'(x)v(x)\mathrm{d}x$$

上述公式称为定积分的分部积分公式，为方便起见，我们将公式写成

$$\int_a^b u(x)\mathrm{d}v(x)=u(x)v(x)\Big|_a^b-\int_a^b v(x)\mathrm{d}u(x)$$

这个公式与不定积分的分部积分公式十分相似，但须注意的是这个公式每项都带有积分限.

**例** 6　求$\int_1^e x\ln x dx$.

解：原式 $=\frac{1}{2}\int_1^e \ln x dx^2=\frac{1}{2}x^2\ln x\Big|_1^e-\frac{1}{2}\int_1^e x^2\cdot\frac{1}{x}dx=\frac{e^2}{2}-\frac{x^2}{4}\Big|_1^e=\frac{e^2+1}{4}$

**例** 7　求$\int_0^1 x\arctan x dx$.

解：原式$=\frac{1}{2}\int_0^1 x\arctan x dx^2$

$=\frac{1}{2}x^2\arctan x\,|_0^1-\frac{1}{2}\int_1^e x^2\cdot\frac{1}{1+x^2}dx$

$=\frac{\pi}{8}-\frac{1}{2}(x-\arctan x)\,|_0^1$

$=\frac{\pi-2}{4}$

**例** 8　计算$\int_0^1 e^{\sqrt{x}}dx$.

解：令$\sqrt{x}=t$，即$x=t^2$，当$x=0,t=0$；当$x=1,t=1$

$$原式=\int_0^1 e^t 2tdt=2\int_0^1 tde^t=2\left(te^t\Big|_0^1-\int_0^1 e^t dt\right)=2e-2e^t\Big|_0^1=2$$

显然，该题计算既用了换元积分法，又用了分部积分法.

**例** 9　计算$\int_1^e x^2\ln x dx$.

解：原式$=\int_1^e x^2\ln x dx=\frac{1}{3}\int_1^e \ln x d(x^3)=\frac{1}{3}\left(x^3\ln x\Big|_1^e-\int_1^e x^2 dx\right)$

$=\frac{1}{3}\left(e^3-\frac{1}{3}x^3\,|_1^e\right)=\frac{1}{9}(2e^3+1)$.

## 习题 6.3

1. 用换元积分法计算下列定积分.

(1) $\int_0^1 \sqrt{4-x^2}dx$　　(2) $\int_1^5 \frac{\sqrt{x-1}}{x}dx$

(3) $\int_0^1 \frac{dx}{1+e^x}$　　(4) $\int_{-2}^1 \frac{dx}{(11+5x)^3}$

(5) $\int_0^4 \sqrt{x^2+9}dx$　　(6) $\int_0^3 \frac{x}{1+\sqrt{1+x}}dx$

(7) $\int_1^e \frac{dx}{x\sqrt{1+\ln x}}$　　(8) $\int_0^{\frac{\pi}{2}} (\cos x)^4\sin x dx$

2. 用分部积分法计算下列定积分.

(1) $\int_0^1 xe^{-x}dx$　　(2) $\int_1^e \ln x dx\int_0^{\frac{\pi}{2}} x\sin x dx$

(3) $\int_1^e \ln x \mathrm{d}x$　　(4) $\int_0^{\frac{\pi}{4}} x\cos 2x \mathrm{d}x$

(5) $\int_1^4 \frac{\ln x}{\sqrt{x}} \mathrm{d}x$　　(6) $\int_0^{\frac{\pi}{2}} \mathrm{e}^{2x}\cos x \mathrm{d}x$

(7) $\int_0^{\pi} x^2 \sin \frac{x}{2} \mathrm{d}x$　　(8) $\int_0^{\pi^2} \sin \sqrt{x} \mathrm{d}x$

3. 证明.

(1)利用定积分的换元法证明：$\int_0^{\frac{\pi}{2}} \frac{\sin x}{\sin x + \cos x} \mathrm{d}x = \int_0^{\frac{\pi}{2}} \frac{\cos x}{\sin x + \cos x} \mathrm{d}x$ ;

(2)由上面结论证明：$\int_0^{\frac{\pi}{2}} \frac{\sin x}{\sin x + \cos x} \mathrm{d}x = \frac{\pi}{4}$ .

# 6.4 定积分的应用

由于定积分的概念和理论是在解决实际问题的过程中产生和发展起来的，因而它的应用非常广泛.

例如，修建一道梯形闸门，它的两条底边各长 6 m 和 4 m，高为 6 m，较长的底边与水面平齐，要计算闸门一侧所受水的压力.

为了解决这个问题，下面先介绍运用定积分解决实际问题的常用方法——微元法，然后讨论定积分在几何和物理上的一些简单应用. 读者通过这部分内容的学习，不仅要掌握一些具体应用的计算公式，而且还要学会用定积分解决实际问题的思想方法.

## 一、微元法

为了说明定积分的微元法，我们先回顾求曲边梯形面积 $A$ 的方法和步骤.

(1)将区间 $[a,b]$ 分成 $n$ 个小区间，相应得到 $n$ 个小曲边梯形，小曲边梯形的面积记为 $\Delta A_i (i = 1,2\cdots n)$ ;

(2)计算 $\Delta A_i$ 的近似值，即 $\Delta A_i \approx f(\zeta_i)\Delta x_i$ (其中 $\Delta x_i = x_i - x_{i-1}, \zeta_i \in [x_{i-1}, x_i]$)；

(3)求和得 $A$ 的近似值，即 $A \approx \sum_{i=1}^{n} f(\zeta_i)\Delta x_i$ ;

(4)对和取极限得 $A = \lim_{\lambda=0} \sum_{i=1}^{n} f(\zeta_i)\Delta x_i = \int_a^b f(x)\mathrm{d}x$ .

上述四个步骤中：

第(1)步指明了所求量(面积 $A$)具有的特性：即 $A$ 在区间 $[a,b]$ 上具有可分割性和可加性.

第(2)步是关键，这一步确定的 $\Delta A_i \approx f(\zeta_i)\Delta x_i$ 是被积表达式 $f(x)\mathrm{d}x$ 的雏形. 这可以从以下过程来理解：由于分割的任意性，在实际应用中，为了简便起见，对 $\Delta A_i \approx f(\zeta_i)\Delta x_i$ 省略下标，得 $\Delta A_i \approx f(\zeta)\Delta x$ ，用 $[x, x+\mathrm{d}x]$ 表示 $[a,b]$ 内的任一小区间，并取小区间的左端点 $x$ 为 $\xi$，则 $\Delta A$ 的近似值就是以 $\mathrm{d}x$ 为底，$f(x)$ 为高的小矩形的面积(见图 6 - 4 阴影部分)，即

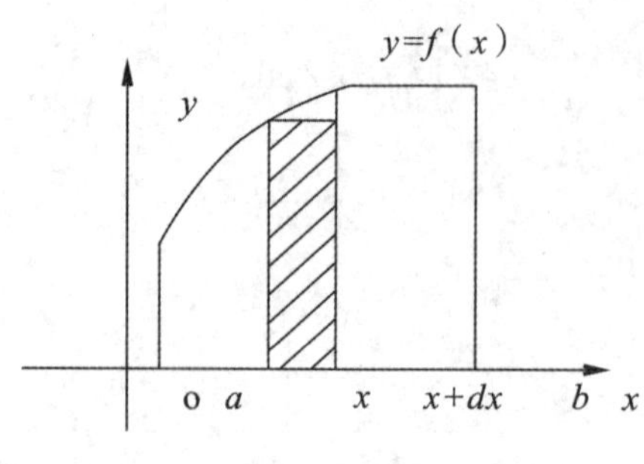


图 6 - 4

$$\Delta A \approx f(x)\mathrm{d}x$$

通常称 $f(x)\mathrm{d}x$ 为面积元素，记为

$$\mathrm{d}A = f(x)\mathrm{d}x$$

将(3)，(4)两步合并，即将这些面积元素在 $[a,b]$ 上“无限累加”，就得到面积 $A$. 即

$$A = \int_a^b f(x)\mathrm{d}x$$

一般说来，用定积分解决实际问题时，通常按以下步骤来进行：

(1)确定积分变量 $x$，并求出相应的积分区间 $[a,b]$；

(2)在区间 $[a,b]$ 上任取一个小区间 $[x,x+\mathrm{d}x]$，并在小区间上找出所求量 $F$ 的微元 $\mathrm{d}F = f(x)\mathrm{d}x$；

(3)写出所求量 $F$ 的积分表达式 $F = \int_a^b f(x)\mathrm{d}x$，然后计算它的值.

利用定积分按上述步骤解决实际问题的方法叫做定积分的微元法.

**【注】**能够用微元法求出结果的量 $F$ 一般应满足以下两个条件：

(1)$F$ 是与变量 $x$ 的变化范围 $[a,b]$ 有关的量；

(2)$F$ 对于 $[a,b]$ 具有可加性，即如果把区间 $[a,b]$ 分成若干个部分区间，则 $F$ 相应地分成若干个分量.

## 二、求平面图形的面积

这里主要研究直角坐标系下面积的计算.

(1)由曲线 $y = f(x)$ 和直线 $x = a, x = b, y = 0$ 所围成曲边梯形的面积的求法前面已经介绍，此处不再叙述.

(2)求由两条曲线，$y = f(x)$，$y = g(x)$，$f(x) \geqslant g(x)$ 及直线 $x = a, x = b$ 所围成平面的面积 $A$(见图 6 - 5).

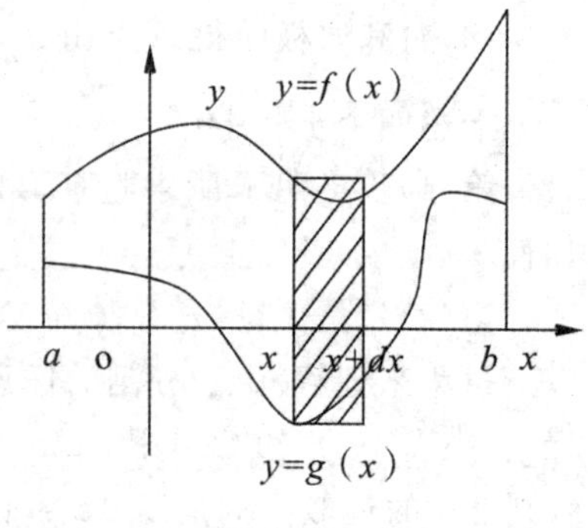


图 6 - 5

下面用微元法求面积 $A$.

1)取 $x$ 为积分变量，$x \in [a,b]$.

2)在区间 $[a,b]$ 上任取一小区间 $[x,x+\mathrm{d}x]$，该区间上小曲边梯形的面积 $\mathrm{d}A$ 可以用高 $f(x)-g(x)$，底边为 $\mathrm{d}x$ 的小矩形的面积近似代替，从而得面积元素

$$\mathrm{d}A = [f(x) - g(x)]\mathrm{d}x$$

3)写出积分表达式,即

$$A=\int_a^b[f(x)-g(x)]\mathrm{d}x$$

(3)求由两条曲线 $x=\psi(y),x=\varphi(y)$,( $\psi(y)\leqslant\varphi(y)$ )及直线 $y=c,y=d$ 所围成平面图形(见图 6-6)的面积。

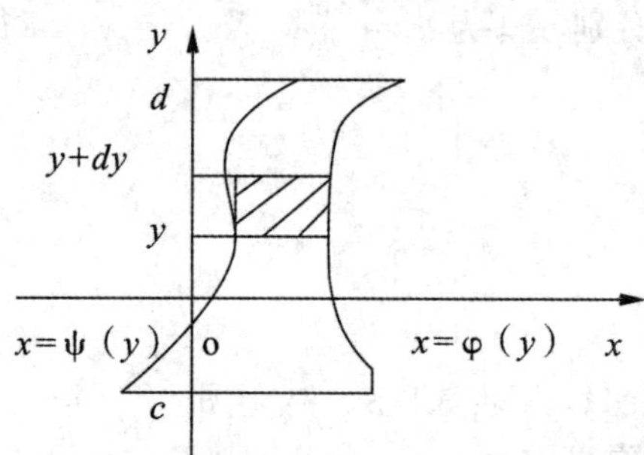


图 6-6

这里取 $y$ 为积分变量, $y\in[c,d]$ ,
用类似(2)的方法可以推出:

$$A=\int_c^d[\varphi(y)-\psi(y)]\mathrm{d}y$$

**例** 1 求由曲线 $y=x^2$ 与 $y=2x-x^2$ 所围图形的面积.

解:先画出所围的图形(见图 6-7).

由方程组 $\begin{cases}y=x^2\\y=2x-x^2\end{cases}$ ,得两条曲线的交点为

$O(0,0),A(1,1)$ ,取 $x$ 为积分变量, $x\in[0,1]$ . 由公式得

$$A=\int_0^1(2x-x^2-x^3)\mathrm{d}x=\left[x^2-\frac{2}{3}x^3\right]_0^1=\frac{1}{3}$$

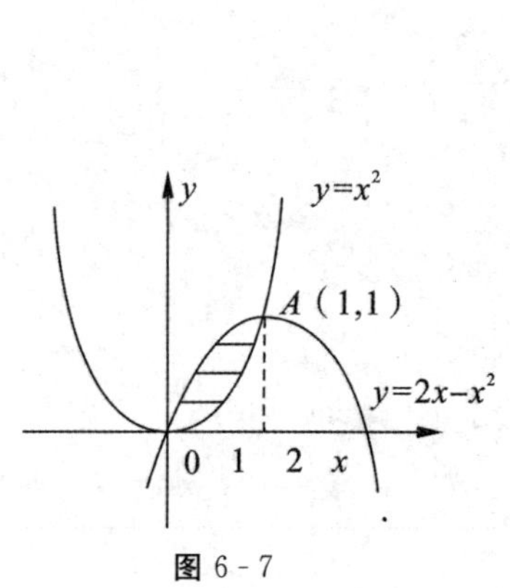


图 6-7

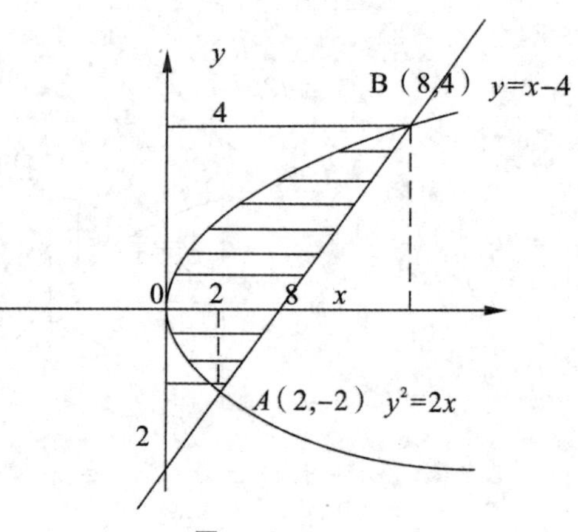


图 6-8

**例 2** 求曲线 $y^2 = 2x$ 与 $y = x - 4$ 所围图形的面积.

解:画出所围的图形(见图 6-8).

由方程组 $\begin{cases} y^2 = 2x \\ y = x - 4 \end{cases}$ 得两条曲线的交点坐标为 $A(2, -2), B(8,4)$,取 $y$ 为积分变量,$y \in [-2,4)$.将两曲线方程分别改写为 $x = \frac{1}{2}y^2$ 及 $x = y + 4$ 得所求面积为

$$\begin{aligned} A &= \int_{-2}^{4} (y + 4 - \frac{1}{2}y^2)\mathrm{d}y \\ &= \left(\frac{1}{2}y^2 + 4y - \frac{1}{6}y^3\right)\Big|_{-2}^{4} \\ &= 18 \end{aligned}$$

【注】本题若以 $x$ 为积分变量,由于图形在 $[0,2]$ 和 $[2,8]$ 两个区间上的构成情况不同,因此需要分成两部分来计算,其结果应为

$$\begin{aligned} A &= 2\int_{0}^{2} \sqrt{2x}\mathrm{d}x + \int_{2}^{8} [\sqrt{2x} - (x - 4)]\mathrm{d}x \\ &= \frac{4\sqrt{2}}{3}x^{\frac{3}{2}}\Big|_{0}^{2} + [\frac{2\sqrt{2}}{3}x^{\frac{3}{2}} - \frac{1}{2}x^2 + 4x]\Big|_{2}^{8} = 18 \end{aligned}$$

显然,对于例 2 选取 $x$ 作为积分变量,不如选取 $y$ 作为积分变量计算简便.可见适当选取积分变量,可使计算简化.

**例 3** 求曲线 $y = \cos x$ 与 $y = \sin x$ 在区间 $[0,\pi]$ 上所围平面图形的面积.

解:如图 6-9 所示,曲线 $y = \cos x$ 与 $y = \sin x$ 的交点坐标为 $\left(\frac{\pi}{4}, \frac{\sqrt{2}}{2}\right)$,选取 $x$ 作为积分变量,$x \in [0,\pi]$,于是,所求面积为

$$\begin{aligned} A &= \int_{0}^{\frac{\pi}{4}} (\cos x - \sin x)\mathrm{d}x + \int_{\frac{\pi}{4}}^{\pi} (\sin x - \cos x)\mathrm{d}x \\ &= (\sin x + \cos x)\Big|_{0}^{\frac{\pi}{4}} + (-\cos x - \sin x)\Big|_{\frac{\pi}{4}}^{\pi} \\ &= 2\sqrt{2} \end{aligned}$$

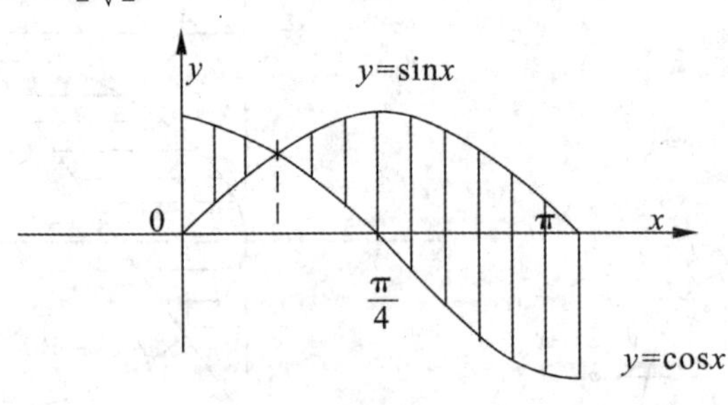


图 6-9

## 三、求旋转体体积

旋转体是一个平面图形绕这平面内的一条直线旋转而成的几何体.这条直线叫做旋转轴.

设旋转体是由连续曲线 $y=f(x)(f(x)\geqslant 0)$ 和直线 $x=a, x=b$ 及 $x$ 轴所围成的曲边梯形绕 $x$ 轴旋转一周而成(见图 6-10).

取 $x$ 为积分变量,它的变化区间为 $[a,b]$,在 $[a,b]$ 上任取一小区间 $[x,x+\mathrm{d}x]$,相应薄片的体积近似于以 $f(x)$ 为底面圆半径,$\mathrm{d}x$ 为高的小圆柱体的体积,从而得到体积元素为

$$\mathrm{d}V=\pi[f(x)]^2\mathrm{d}x$$

于是,所求旋转体体积为

$$V_x=\pi\int_a^b[f(x)]^2\mathrm{d}x$$

类似地,由曲线 $x=\varphi(y)$ 和直线 $y=c, y=d$ 及 $y$ 轴所围成的曲边梯形绕 $y$ 轴旋转一周而成(见图 6-11),所得旋转体的体积为

$$V_y=\pi\int_c^d[\varphi(y)]^2\mathrm{d}y$$

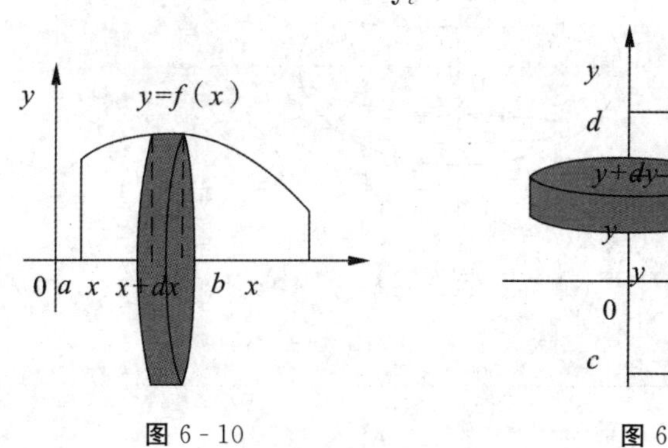


图 6-10 图 6-11

**例 4** 求由椭圆 $\frac{x^2}{a^2}+\frac{y^2}{b^2}=1$ 绕 $x$ 轴及 $y$ 轴旋转而成的椭球体的体积.

解:(1)绕 $x$ 轴旋转的椭球体。如图 6-12 所示,它可看作上半椭圆 $y=\frac{b}{a}\sqrt{a^2-x^2}$ 与 $x$ 轴围成的平面图形绕 $x$ 轴旋转而成.取 $x$ 为积分变量,$x\in[-a,a]$,由公式所求椭球体的体积为

$$\begin{aligned}V_x&=\pi\int_{-a}^a\left(\frac{b}{a}\sqrt{a^2-x^2}\right)^2\mathrm{d}x\\&=\frac{2\pi b^2}{a^2}\int_0^a(a^2-x^2)\mathrm{d}x\\&=\frac{2\pi b^2}{a^2}\left[a^2x-\frac{x^3}{3}\right]_0^a\\&=\frac{4}{3}\pi\cdot a\cdot b^2\end{aligned}$$

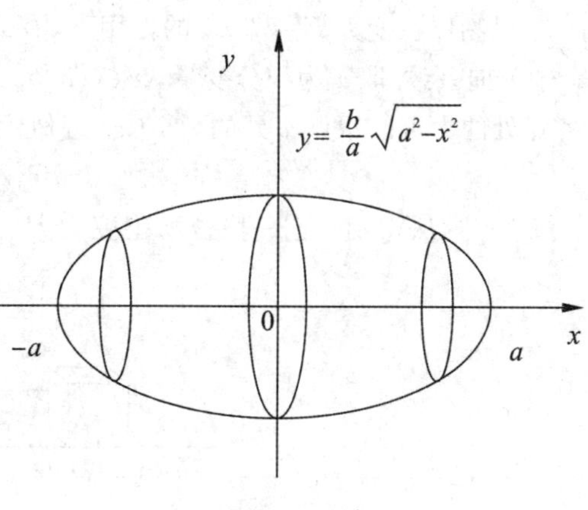


图 6-12

(2)绕 $y$ 轴旋转的椭球体,可看作右半椭圆 $x=\frac{a}{b}\sqrt{b^2-y^2}$ 与 $y$ 轴围成的平面图形绕 $y$ 轴旋转而成(见图 6-13),取 $y$ 为积分变量,$y\in[-b,b]$,由公式所求椭球体体积为

$$\begin{aligned}V_y &= \pi\int_{-b}^{b}\left(\frac{a}{b}\sqrt{b^2-y^2}\right)^2\mathrm{d}y \\ &= \frac{2\pi a^2}{b^2}\int_0^b(b^2-y^2)\mathrm{d}y \\ &= \frac{2\pi a^2}{b^2}\left[b^2y-\frac{y^3}{3}\right]_0^b \\ &= \frac{4}{3}\pi\cdot a^2\cdot b\end{aligned}$$

当 $a=b=R$ 时,上述结果为 $V=\frac{4}{3}\pi\cdot R^3$ ,这就是大家所熟悉的球体的体积公式.

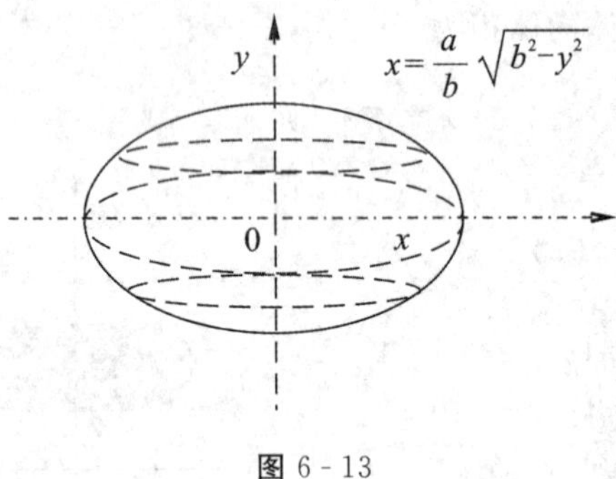


图 6 - 13

## 四、物理应用

### (一)变力作功

由物理学知道,物体在常力 $F$ 的作用下,沿力的方向作直线运动,当物体发生了位移 $S$ 时,力 $F$ 对物体所作的功是 $W=FS$ .

但在实际问题中,物体在发生位移的过程中所受到的力常常是变化的,这就需要考虑变力作功的问题.

由于所求的功是一个整体量,且对于区间具有可加性,所以可以用微元法来求这个量.

设物体在变力 $F=f(x)$ 的作用下,沿 $x$ 轴由点 $a$ 移动到点 $b$ ,如图 6 - 14 所示,且变力方向与 $x$ 轴方向一致. 取 $x$ 为积分变量,$x\in[a,b]$ . 在区间 $[a,b]$ 上任取一小区间 $[x,x+\mathrm{d}x]$ ,该区间上各点处的力可以用点 $x$ 处的力 $F(x)$ 近似代替. 因此功的微元为

$$\mathrm{d}W=F(x)\mathrm{d}x$$

因此,从 $a$ 到 $b$ 这一段位移上变力 $F(x)$ 所作的功为

$$W=\int_a^b F(x)\mathrm{d}x$$

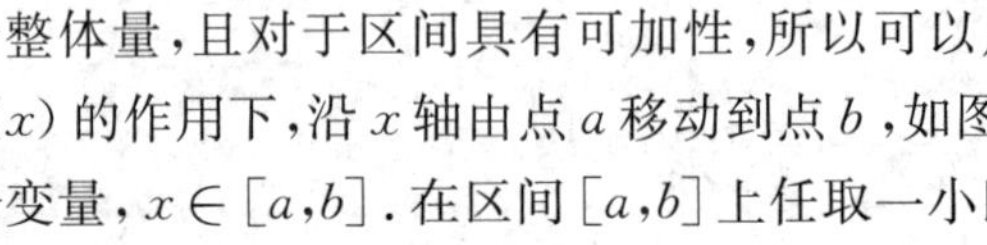

图 6 - 14

**例 5** 弹簧在拉伸过程中,所需要的力与弹簧的伸长量成正比,即 $F = kx$,($k$ 为比例系数).已知弹簧拉长 0.01 m 时,需力 10 N,要使弹簧伸长 0.05 m,计算外力所做的功.

解:由题设,$x = 0.01$ m 时,$F = 10$ N.代入 $F = 10kx$ ,得 $k = 1\ 000$ N/m.

从而变力为

$$F = 1\ 000x,$$

由上述公式所求的功为

$$W = \int_0^{0.05} 1\ 000x\mathrm{d}x = 500x^2\Big|_0^{0.05} = 1.25\ \mathrm{J}$$

**(二)液体的压力**

由物理学知道,在液面下深度为 $h$ 处的压强为 $p = \rho gh$ ,其中 $\rho$ 是液体的密度,$g$ 是重力加速度.如果有一面积为 $A$ 的薄板水平地置于深度为 $h$ 处,那么薄板一侧所受的液体压力

$$F = pA$$

但在实际问题中,往往要计算薄板竖直放置在液体中(如前面问题中的闸门)时,其一侧所受到的压力.由于压强 $p$ 随液体的深度而变化,所以薄板一侧所受的液体压力就不能用上述方法计算,但可以用定积分的微元法来加以解决.

设薄板形状是曲边梯形,为计算方便起见,建立如图 6-15 所示的坐标系,曲边方程为 $y = f(x)$.

取液体深度 $x$ 为积分变量,$x \in [a,b]$,在 $[a,b]$ 上取一小区间 $[x,x+\mathrm{d}x]$,该区间上小曲边平板所受的压力可近似地看作长为 $y$,宽为 $\mathrm{d}x$ 的小矩形水平地放在距液体表面深度为 $x$ 的位置上时,一侧所受的压力.因此所求的压力微元为:

$$\mathrm{d}F = \rho gxf(x)\mathrm{d}x$$

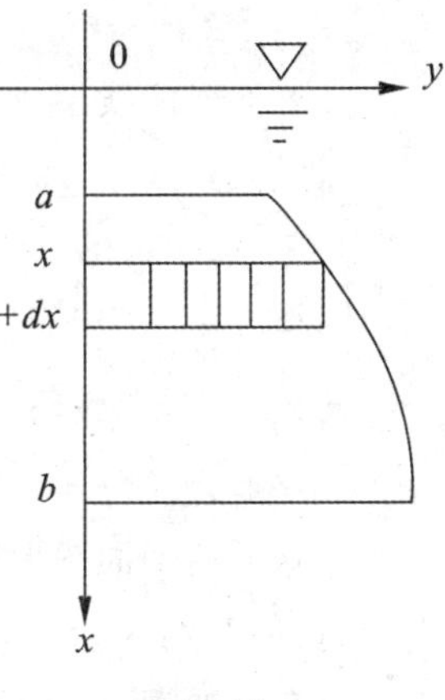

图 6-15

于是,整个平板一侧所受压力为

$$F = \int_a^b \rho gxf(x)\mathrm{d}x$$

下面我们来看本节前面问题的答案.

**例 6** 修建一道梯形闸门,它的两条底边各长 6 m 和 4 m,高为 6 m,较长的底边与水面平齐,要计算闸门一侧所受水的压力.

解:根据题设条件,建立如图 6-16 所示的坐标系,$AB$ 的方程为 $y = -\frac{1}{6}x + 3$.取 $x$ 为积分变量,$x \in [0,6]$,在 $x \in [0,6]$ 上任一小区间 $[x,x+dx]$ 的压力微元为

$$\mathrm{d}F = 2\rho gxy\mathrm{d}x = 2 \times 9.8 \times 10^3 x(-\frac{1}{6}x + 3)\mathrm{d}x,$$

从而所求的压力为

$$F = \int_0^6 9.8 \times 10^3(-\frac{1}{3}x^2 + 6x)\mathrm{d}x$$

$$= 9.8 \times 10^3 \left[-\frac{1}{9}x^3 + 3x^2\right]_0^6$$

$$\approx 8.23 \times 10^5 \mathrm{N}$$

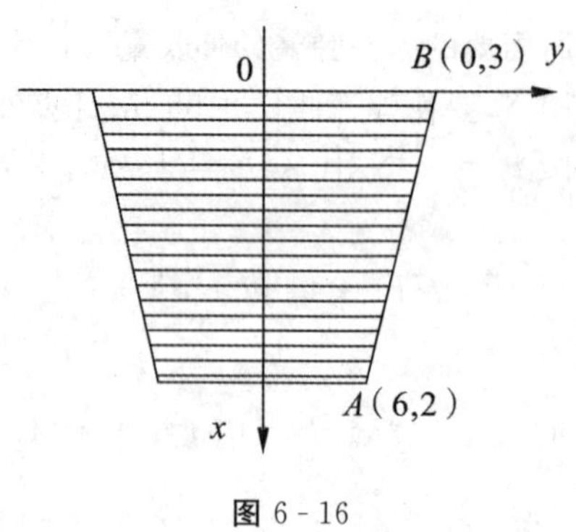


图 6-16

## 习题 6.4

1. 求下列曲线围成平面图形的面积.

(1) $y=x^2, y=\sqrt{x}$　　(2) $y=\dfrac{1}{x}, y=x, y=2$

(3) $y=\sin x, y=\cos x, x=0, x=\dfrac{\pi}{2}$　　(4) $y=4-x^2, y=0$

(5) $y^2=4+x, x+2y=4$　　(6) $y=x^2, y=(x-2)^2, y=0$

2. 求由直线 $y=0$ 与曲线 $x=\sqrt{y}$ 及它在点(1,1)处的法线所围成图形的面积.

3. 求下列平面图形分别绕 $x$ 轴，$y$ 轴旋转所产生的立体的体积.

(1) $y+2x=1, x=0$ 及 $y=0$　　(2) $y=\sqrt{2x}, x=1, x=2$ 及 $y=0$

4. 有一弹簧，用 10 N 的力可以把它拉长 0.005 m，求把弹簧拉长 0.03 m 时力所做的功.

5. 有一圆柱形贮水桶，高 2 m，底圆半径为 0.8 m，桶内装 1 m 深的水，试问要将桶内的水全部吸出要作多少功？

6. 求曲线 $r=2a\cos\theta$ 所围成图形的面积.

7. 已知物体作变速直线运动的速度为 $v(t)=2t^2+t$(m/s)，求该物体在前 5 秒内经过的路程.

8. 设一沿 $x$ 轴运动的物体所受的外力是 $\left|\cos\dfrac{\pi}{3}x\right|$ N，试问当此物体从 $x=1$ m 处移到 $x=2$ m 处时外力所做的功.

9. 一水库闸门的形状为直角梯形，上底为 6 m，下底为 2 m，高为 10 m，求当水面与上底相齐时，闸门一侧所受的压力.

# 选　　学

## 选学(一)　三角函数

### 一、相关概念

#### (一)角

角可以看作是一条射线绕着它的端点在平面内旋转而成的.射线的端点叫做角的顶点,旋转开始时的射线叫做角的始边,终止时的射线叫做角的终边.

#### (二)正角、负角、零角

正角:按逆时针方向旋转而成的角叫做正角.

负角:按顺时针方向旋转而成的角叫做负角.

零角:当射线没有作任何旋转时所形成的角叫做零角.

#### (三)终边相同顶的角

顶点和始边重合且终边相同的所有角叫做终边相同顶的角.与角$\partial$终边相同的角可表示为$k360°+\alpha,k\in Z$与角$\partial$终边相同的角的集合为$\{\beta|\beta=k\cdot 360°+\alpha,k\in Z\}$.

#### (四)象限角、界限角

把角的顶点放在坐标系的原点,始边放在坐标系的$x$轴的正半轴上,角的终边落在哪个象限,这个角就叫做哪个象限的角.

当角的终边落在坐标轴上时称为界限角.

### 二、三角函数的概念

#### (一)定义

设$\alpha$是一个任意角,把它的顶点放在坐标系的原点,始边放在坐标系的x轴的正半轴上,点$p(x,y)$是角$\alpha$终边上的任意点,$r=\sqrt{x^2+y^2}(r>0)$是点$p$到原点$O$的距离,则有$\alpha$的六个三角函数,其定义如下:

正弦:$\sin\alpha=\dfrac{y}{r}$　　　　余弦:$\cos\alpha=\dfrac{x}{r}$

正切：$\tan\alpha = \dfrac{y}{x}$　　　　余切：$\cot\alpha = \dfrac{x}{y}$

正割：$\sec\alpha = \dfrac{r}{x}$　　　　余割：$\csc\alpha = \dfrac{r}{y}$

**(二)三角函数在各象限内的符号**

任意角三角函数的符号如选图 1 所示.

任意胶三角函数的符号：

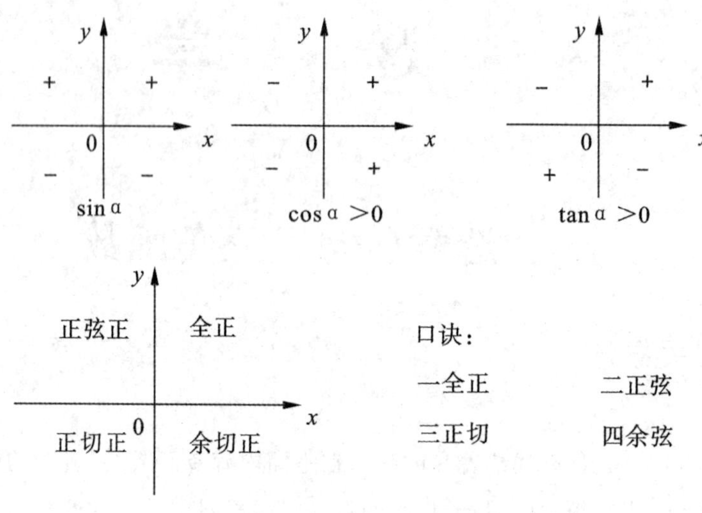


**选图 1**

**(三)特殊角的三角函数值**

特殊角的三角函数值如选表 1 所示.

**选表 1**

| $\alpha$ | $0°$ | $30°$ | $45°$ | $60°$ | $90°$ | $180°$ | $270°$ | $360°$ |
|---|---|---|---|---|---|---|---|---|
| 弧度 | 0 | $\frac{\pi}{6}$ | $\frac{\pi}{4}$ | $\frac{\pi}{3}$ | $\frac{\pi}{2}$ | $\pi$ | $\frac{3\pi}{2}$ | $2\pi$ |
| $\sin\alpha$ | 0 | $\frac{1}{2}$ | $\frac{\sqrt{2}}{2}$ | $\frac{\sqrt{3}}{2}$ | 1 | 0 | $-1$ | 0 |
| $\cos\alpha$ | 1 | $\frac{\sqrt{3}}{2}$ | $\frac{\sqrt{2}}{2}$ | $\frac{1}{2}$ | 0 | $-1$ | 0 | 1 |
| $\tan\alpha$ | 0 | $\frac{\sqrt{3}}{3}$ | 1 | $\sqrt{3}$ | 不存在 | 0 | 不存在 | 0 |

## 三、同角三角函数间的基本关系式

平方关系

$$\sin^2\alpha + \cos^2\alpha = 1$$

$$\tan^2\alpha + 1 = \sec^2\alpha$$

$$\cot^2\alpha + 1 = \csc^2\alpha$$

倒数关系

$$\sec\alpha = \frac{1}{\cos\alpha}$$

$$\csc\alpha = \frac{1}{\sin\alpha}$$

$$\tan\alpha = \frac{1}{\cot\alpha}$$

商的关系

$$\tan\alpha = \frac{\sin\alpha}{\cos\alpha}$$

$$\cot\alpha = \frac{\cos\alpha}{\sin\alpha}$$

以上关系中只有当 $\alpha$ 的值使其两边都有意义时才能成立.

## 四、诱导公式

三角函数十组诱导公式如选表 2 所示.

选表 2

| 公式一 | 公式二 |
|---|---|
| $\sin(2k\pi+\alpha)=\sin\alpha$<br>$\cos(2k\pi+\alpha)=\cos\alpha$<br>$\tan(2k\pi+\alpha)=\tan\alpha$ | $\sin(\pi+\alpha)=-\sin\alpha$<br>$\cos(\pi+\alpha)=-\cos\alpha$<br>$\tan(\pi+\alpha)=\tan\alpha$ |
| 公式三 | 公式四 |
| $\sin(-\alpha)=-\sin\alpha$<br>$\cos(-\alpha)=\cos\alpha$<br>$\tan(-\alpha)=-\tan\alpha$ | $\sin(\pi-\alpha)=\sin\alpha$<br>$\cos(\pi-\alpha)=-\cos\alpha$<br>$\tan(\pi-\alpha)=-\tan\alpha$ |
| 公式五 | 公式六 |
| $\sin(\alpha-\pi)=-\sin\alpha$<br>$\cos(\alpha-\pi)=-\cos\alpha$<br>$\tan(\alpha-\pi)=\tan\alpha$ | $\sin(2\pi-\alpha)=-\sin\alpha$<br>$\cos(2\pi-\alpha)=\cos\alpha$<br>$\tan(2\pi-\alpha)=-\tan\alpha$ |
| 公式七 | 公式八 |
| $\sin(\pi/2+\alpha)=\cos\alpha$<br>$\cos(\pi/2+\alpha)=\sin\alpha$<br>$\tan(\pi/2+\alpha)=-\cot\alpha$ | $\sin(\pi/2-\alpha)=\cos\alpha$<br>$\cos(\pi/2-\alpha)=\sin\alpha$<br>$\tan(\pi/2-\alpha)=\cot\alpha$ |
| 公式九 | 公式十 |
| $\sin(3\pi/2+\alpha)=-\cos\alpha$<br>$\cos(3\pi/2+\alpha)=\sin\alpha$<br>$\tan(3\pi/2+\alpha)=-\cot\alpha$ | $\sin(3\pi/2-\alpha)=-\cos\alpha$<br>$\cos(3\pi/2-\alpha)=-\sin\alpha$<br>$\tan(3\pi/2-\alpha)=\cot\alpha$ |

“纵变横不变,符号看象限”.

## 五、两角和(差)、二倍角的正弦、余弦、正切公式

(1) $\sin(\alpha\pm\beta) = \sin\alpha\cos\beta \pm \cos\alpha\sin\beta$.

(2) $\cos(\alpha\pm\beta) = \cos\alpha\cos\beta \mp \sin\alpha\sin\beta$.

(3) $\tan(\alpha\pm\beta) = \dfrac{\tan\alpha \pm \tan\beta}{1 \mp \tan\alpha\tan\beta}$.

(4) $\sin 2\alpha = 2\sin\alpha\cos\alpha$ ;  $\tan 2\alpha = \dfrac{2\tan\alpha}{1-\tan^2\alpha}$ ;

$\cos 2\alpha = \cos^2\alpha - \sin^2\alpha$;  $\sin\alpha = \pm\sqrt{\dfrac{1-\cos 2\alpha}{2}}$ ;

$\cos\alpha = \pm\sqrt{\dfrac{1+\cos 2\alpha}{2}}$ .

## 六、半角公式

$$\sin\frac{\alpha}{2} = \pm\sqrt{\frac{1-\cos\alpha}{2}}$$

$$\cos\frac{\alpha}{2} = \pm\sqrt{\frac{1+\cos\alpha}{2}}$$

$$\tan\frac{\alpha}{2} = \pm\sqrt{\frac{1-\cos\alpha}{1+\cos\alpha}} = \frac{\sin\alpha}{1+\cos\alpha} = \frac{1-\cos\alpha}{\sin\alpha}$$

利用上述公式进行化简、证明恒等式以及计算.

## 七、三角函数的图像和性质

如果以 $x$ 表示自变量，$y$ 表示函数，那么，正弦、余弦、正切、余切的性质、图形分别简单的介绍如下：

正弦函数：$y = \sin x$ ；余弦函数：$y = \cos x$ ，如选图 2 所示.

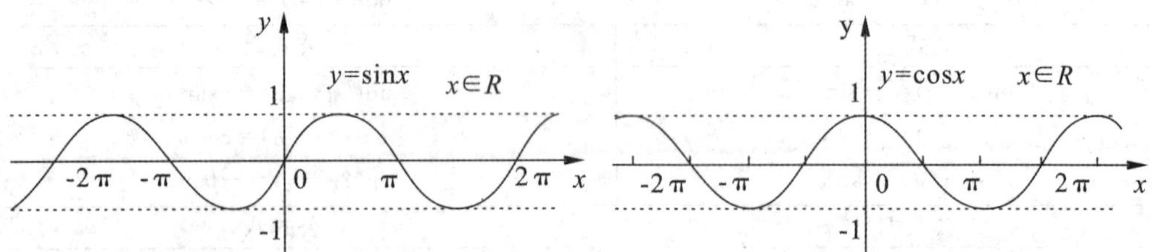


选图 2

其中自变量的单位是以弧度来表示.

正弦函数和余弦函数的特征如下：

(1)它们的定义域都为$(-\infty,+\infty)$，值域都为$[-1,+1]$

(2)它们都是以 $2\pi$ 为周期的函数.

(3)由于 $-1 \leqslant \sin x \leqslant 1$ ，$-1 \leqslant \cos x \leqslant 1$ ，所以他们的图形都夹在两条平行线：$y = 1$ 和 $y = -1$ 之间，是有界函数。

(4) $y = \sin x$ 是奇函数，$y = \cos x$ 是偶函数，正弦函数的图形对称于原点；余弦函数的图形对称于 $y$ 轴。

(5) $y = \sin x$ 在 $\left[2k\pi - \dfrac{\pi}{2}, 2k\pi + \dfrac{\pi}{2}\right]$ 上是单调增函数、在 $\left[2k\pi + \dfrac{\pi}{2}, 2k\pi + \dfrac{3\pi}{2}\right]$ 上是单调减函数；$y = \cos x$ 在 $[(2k-1)\pi, 2k\pi]$ 上是单调增函数、在 $[2k\pi, (2k+1)\pi]$ 上是单调减函数。其中 $k \in Z$ 。

正切函数：$y = \tan x$；余切函数：$y = \cot x$，如选图 3 所示.

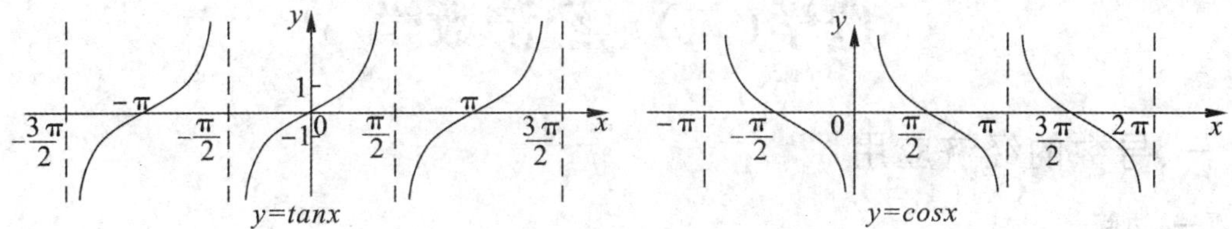


选图 3

正切函数和余切函数的特征如下：

(1) $y = \tan x$ 的定义域为 $\left(k\pi - \frac{\pi}{2}, k\pi + \frac{\pi}{2}\right)$，$y = \cot x$ 的定义域为 $(k\pi, (k+1)\pi)$ 。其中 $k \in Z$ 。值域都是$(-\infty, +\infty)$.

(2)它们都是以 $\pi$ 为周期的函数.

(3)它们都是奇函数,图形关于原点对称.

(4)正切函数的图形是由被相互平行的直线 $x = \frac{\pi}{2} + k\pi (k \in Z)$ 所隔开的无穷多支曲线所组成;余切函数的图形是由被相互平行的直线 $x = k\pi, k \in Z$ 所隔开的无穷多支曲线所组成.

(5) $y = \tan x$ 在 $(k\pi - \frac{\pi}{2}, k\pi + \frac{\pi}{2})$ 内都是单调增函数，$y = \cot x$ 在 $(k\pi, (k+1)\pi)$ 内都是单调减函数. 其中 $k \in Z$ .

## 八、反三角函数

反正弦函数：$y = \arcsin x$ ，定义域为 $[-1, +1]$，值域为 $[-\frac{\pi}{2}, +\frac{\pi}{2}]$.

反余弦函数：$y = \arccos x$ ，定义域为 $[-1, +1]$，值域为$[0, \pi]$.

反正切函数：$y = \arctan x$，定义域为值域为$(-\infty, +\infty)$，$(-\frac{\pi}{2}, +\frac{\pi}{2})$ .

反余切函数：$y = arccot x$ ，定义域为$(-\infty, +\infty)$，值域为 $[0, \pi]$ .

反三角函数的图形如选图 4 所示,关于它们的特征,同学们自行讨论。

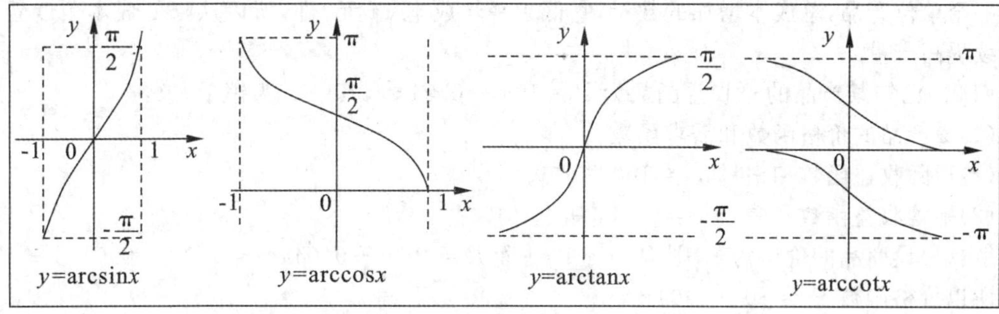


选图 4

# 选学(二)　经济数学

## 一、导数的经济应用

### (一)边际

在经济分析中，通常用“边际”来描述一个变量 $y$ 关于另一个变量 $x$ 的变化情况，“边际”表示在 $x$ 的某一个值的“边缘”上 $y$ 的变化情况，即 $x$ 从一个给定值发生微小变化时 $y$ 的变化情况. 显然，这是 $y$ 的瞬时变化率，也就是变量 $y$ 对变量 $x$ 的导数.

对经济学中的函数而言，因变量对自变量的导数称为“边际”.

例如，如果设总成本函数 $C=C(x)$，则总成本 C 对产量 $x$ 的导数称为边际成本(函数)，记作 MC，即

$$MC=\frac{\mathrm{d}c}{\mathrm{d}x}$$

边际成本的经济含义为已生产了 $x$ 个单位产品，再生产一个单位产品，总成本的增量(近似的)。

又如，设总收益函数 $R=R(x)$，则 $R$ 对 $x$ 的导数称为边际收益(函数)，记为 MR，即

$$MR=\frac{\mathrm{d}R}{\mathrm{d}x}$$

**例 1**　某种产品的总成本 $C$ 万元与产量 $x$ 万件的函数关系为 $C(x)=100+6x-0.4x^2+0.02x^3$ 万元，试问当产量 $x=10$ 万件时，从降低单位成本的角度看，继续提高产量是否得当?

解：当产量 $x=10$ 万件时，总成本

$$C(10)=100+6\times10-0.4\times10^2+0.02\times10^3=140\text{ 万元}$$

这时每个单位产品的平均成本为 $\overline{C}=\dfrac{C(10)}{10}=\dfrac{140}{10}=14$ 元 / 件

而 $C'(x)=6-0.8x+0.06x^2$

所以产量 $x=10$(万件)时的边际成本

$$\mathrm{MC}=C'(10)=6-0.8\times10+0.06\times10^2=4\text{ 元 / 件}$$

由于边际成本是产量 $x=10$ 万件时成本的瞬时变化率，可以近似地看作在这个水平上再增加一个单位产品，总成本增加的数量，它低于平均成本 14 元/件，所以从降低成本角度看，还应继续提高产量.

**例 2**　已知某产品的总收益函数为 $R=10x-0.04x^2$，其中 $x$ 为销量，求：

(1)该产品的价格函数和需求函数；

(2)边际收益函数和销量 $x=100$ 时的边际收益；

(3)平均收益函数和销量 $x=100$ 时的平均收益。

解：(1)设商品的价格为 P，则 $R=x\cdot p$；而 $R=10x-0.04x^2=x(10-0.04x)$

所以价格函数 $P=10-0.04x$，

由价格函数求反函数得需求函数：$x=250-25P$.

(2)边际收益函数：$MR=\dfrac{dR}{dx}=10-0.08x$，

当 $x=100$ 时，$MR=10-0.08\times100=2$，

近似表示：当销售了 100 个单位产品时，再销售一个单位产品，总收益将增加 2.

(3)平均收益函数

$\bar{R}=\frac{R}{x}=10-0.04x=P$，

当 $x=100$ 时，$\bar{R}=\frac{R}{x}=10-0.04\times100=6$.

**(二)弹性**

1.弹性的概念

对函数 $y=f(x)$，当自变量从 $x$ 起改变了 $\Delta x$ 时，其自变量的相对改变量是 $\frac{\Delta x}{x}$，函数 $f(x)$ 相对该变量则是 $\frac{f(x+\Delta x)-f(x)}{f(x)}$，函数的弹性是为考察相对变化而引入的。

**定义** 设函数 $y=f(x)$ 在点 $x$ 可导，则极限

$$\lim_{\Delta x\to0}\frac{\frac{f(x+\Delta x)}{f(x)}}{\frac{\Delta x}{x}}=\lim_{\Delta x\to0}\frac{x}{\Delta x}\cdot\frac{f(x+\Delta x)}{f(x)}=x\cdot\frac{f'(x)}{f(x)}$$

称为函数 $f(x)$ 在点 $x$ 的弹性，记作 $\frac{Ey}{Ex}$ 或 $\frac{Ef(x)}{Ex}$，即

$$\frac{Ey}{Ex}=x\cdot\frac{f'(x)}{f(x)}=\frac{x}{f(x)}\cdot\frac{\mathrm{d}f(x)}{dx}$$

由于函数的弹性 $\frac{Ey}{Ex}$ 是就自变量 $x$ 与因变量 $y$ 的相对变化而定义的，它表示函数 $y=f(x)$ 在点 $x$ 处的相对变化率，因此，它与任何度量单位无关.

2.弹性的经济意义

我们以需求函数的弹性来说明弹性的经济意义，设某种商品市场的需求量 Q 是价格 P 的函数：$Q=f(p)$.

则需求函数的弹性应为： $\frac{EQ}{EP}=\frac{P}{Q}\cdot\frac{\mathrm{d}Q}{\mathrm{d}P}$

由于上式是描述需求 $Q$ 对价格 $P$ 的相对变化率，通常称上式为需求函数在点 $P$ 的需求价格弹性，简称为需求价格弹性.

需求函数在点 $P$ 的需求价格弹性的经济意义是在价格为 $P$ 时，如果价格提高或降低 1%，需求有 $Q$ 起，减少或增加的百分数(近似的)是 $\frac{EQ}{EP}$。因此，需求价格弹性反映了当价格变动时需求量变动对价格变动的灵敏度.

经济领域中的任何函数都可以类似的定义弹性.

**例 3** 某种商品市场的需求量 $Q$(单位：件)是价格 $P$(单位：元)的函数，$Q=Q(P)=1\,000\cdot e^{-0.1P}$，如果这种商品的价格是每件 20 元，试求这时需求量对价格的弹性 $\frac{EQ}{EP}$.

解：$\frac{\mathrm{d}Q}{\mathrm{d}P}=-100\cdot e^{-0.1P}$

当 $P=20$ 时，$Q(20)=1\,000\cdot e^{-0.1\times20}=1\,000\cdot e^{-2}\approx135$ 件

$$\frac{\mathrm{d}Q}{\mathrm{d}P}\Big|_{P=20}=-100\cdot e^{-0.1\times20}=-100\cdot e^{20}\approx-13.5$$

于是 $$\frac{EQ}{EP}=\frac{P}{Q}\cdot\frac{\mathrm{d}Q}{\mathrm{d}P}=\frac{20}{135}\times(-13.5)=-2$$

这就是说，当这种商品的价格在 20 元/件时，价格上涨 1%，市场的需求量相应地下降约 2%，而价格下降 1%，市场的需求量相将上升约 2%.

## 二、不定积分的经济应用

**例** 4　设某企业生产某种产品的边际收入为 $210q-3q^2$ 万元/吨，求该企业生产该产品的总收入函数，并求出总收入达到最大值时的产值.

解：设该产品的总收入函数是 $R=R(q)$，据题意，有 $R'=210q-3q^2$，所以

$$R(q)=\int R'(q)\mathrm{d}q=\int(210q-3q^2)\mathrm{d}q=105q^2-q^3+c$$

因为产量为零时收入为零，即 $R(0)=0$，

所以 $c=0$，故 $R(q)=105q^2-q^3$，

令 $R'(q)=0$，解得 $q=70(q=0$ 舍去)，

又因为 $R=R(q)$ 的最大值存在，

所以产量为 70 吨时，总收入最大.

## 三、定积分在经济学中的应用

设 $R'(x)$，$C'(x)$，$L'(x)$ 分别是产量 $x$ 的边际收入、边际成本、边际利润，$C_0$ 为固定成本，则根据边际概念和定积分定义，有

$$\text{收入函数 } R(x)=\int_0^x R'(t)\mathrm{d}t$$

$$\text{成本函数 } C(x)=\int_0^x C'(t)\mathrm{d}t+C_0$$

$$\text{利润函数 } L(x)=\int_0^x L'(t)\mathrm{d}t-C_0$$

其中 $x$ 为产量，$R(x)$，$C(x)$，$L(x)$ 分别是产量为 $x$ 单位时的总收入、总成本、总利润.

**例** 5　设某企业，生产某种产品的边际成本和边际收入是日产量 $x$ 的函数：$\begin{cases}C'(x)=x+10\\R'(x)=310-4x\end{cases}$，其固定成本为 3 000.

求：(1)日产量为多少时，其利润最大？

(2)在获得最大利润生产水平上的总收入、总成本、总利润各是多少？

解：(1)由于 $L'(x)=R'(x)-C'(x)$，

即：$L'(x)=300-5x$，

令 $L'(x)=0$，得：$x=60$，

又 $L''(60)=-5<0$，所以日产量为 60 时，获利最大.

(2) $$R(60)=\int_0^{60}(310-4x)dx=(310x-2x^2)\Big|_0^{60}=11\ 400$$

$$C(60)=\int_0^{60}(x+10)dx+3\ 000=(\frac{1}{2}x^2+10x)\Big|_0^{60}+3\ 000=5\ 400$$

$$L(60)=R(60)-C(60)=6\ 000$$

因此，日产量为 60 时，最佳生产水平的获利额为 6 000，此时的总收入、总成本、总利润分

别是 11 400,5 400,6 000.

## 习题

1.已知成本函数 $C(x)=x-2x^2+x^3$.

(1)试求边际成本函数;

(2)当产量 $x=8$(产量单位)时,比较平均成本和边际成本,说明是否应该提高生产量。

2.某产品生产 $x$ 个单位时的总收入 $R$ 是 $x$ 的函数 $R(x)=200x-0.1x^2$,当产品 $x=50$ 产量单位时,

(1)求总收入;

(2)求平均收入;

(3)求边际收入。

3.设某商品需求量 Q 对价格 P 的函数关系是 $Q=f(P)=1\,600\left(\frac{1}{4}\right)^P$,试求需求量价格的弹性 $\frac{EQ}{EP}$。

4.设某产品的需求函数为 $Q=25-5P$,生产该产品的固定成本为 1 000,且每多生产一个产品,成本增加 2.

试求:(1)当产量 Q=10 时的总成本,平均成本和边际成本;

(2)当产量 Q 为多少时,利润最大及最大利润。

5.某商品的需求函数为 $Q=100-p^2$,求:

P(1)需求弹性函数;

(2) $P=4$ 时的需求弹性;

(3) $P=4$ 时,若价格上涨 1%,收益的变化是多少?

6.设某厂产出某产品 $q$ 单位的总收入 $R$ 是 $q$ 的函数 $R(q)$,边际收入函数为 $R'(q)=10-2q$,如果该产品可在市场上全部售出,求总收入函数 $R(q)$。

7.已知生产某产品 $x$ 台的边际成本和边际收入分别为

$$\begin{cases} C'(x)=300+\frac{1}{3}x(\text{元}/\text{台}) \\ R'(x)=100-x(\text{元}/\text{台}) \end{cases}$$

其中 $R(x)$ 和 $C(x)$ 分别是产量为 $x$ 时的总收入函数、总成本函数。其固定成本为 1 万元.

求产量为多少时,总利润最大?最大总利润是多少?

8.已知某产品总产量的变化率是时间 $t$(单位:年)的函数 $f(t)=10t+50$,求第一个五年和第二个五年的总产量分别是多少?

9.某产品的边际成本和边际收入函数分别为 $\begin{cases} C'(x)=2(\text{万元}/\text{百台}) \\ R'(x)=12-x(\text{万元}/\text{百台}) \end{cases}$.

求(1)产量等于多少时,总利润最大?

(2)在利润最大时又生产了 20 台,总利润变化了多少?

# 参考答案

## 第一章　习题参考答案

**习题** 1.1

1. $\{2-\sqrt{2},2+\sqrt{2}\}$.

2. $\{x \mid -2<x<1\}$.

3. $\{(0,5),(1,4),(2,3),(3,2),(4,1),(5,0)\}$.

4. (1) $\{x \mid x(x^2-2x-3)=0\}$;

   (2) $\{x \mid 2<x<6, x\in Q\}$;

   (3) $\{(x,y) \mid x+y=4, x\in N, y\in N\}$.

5. $\{x \mid -1\leqslant x\leqslant 3\}$,(求 $A\cup C_U B$).

6. $\{2,3\}$,$\{1,2,3,4\}$,$\{5,6\}$,$\{1,4,5,6\}$,(其中 $A=\{1,2,3\}$).

7. $-1\leqslant a\leqslant 2$, $(-\infty,-4)\cup(5,+\infty)$.

8. (1)√,(2)×,(3)×,(4)×.

9. (1) $\{1,3\}$,　(2)$\varnothing$, $\{1\}$, $\{3\}$, $\{1,3\}$.

10. $a=0$.

11. $m\in(-\infty,2]$.

12. (1) $A=(-\infty,-1]\cup(2,+\infty)$, $B=(-\infty,a)\cup(a+1,+\infty)$

    (2) $[-1,1]$.

13. (1) $a=\pm 3, a=5$;　(2) $a=\pm 3$.

**习题** 1.2

1. $P$,$V$ 为常量,$D$ 为变量.

2. (1) √,　(2)√.

3. $y=\begin{cases}0.5x(0<x\leqslant 50)\\0.75x-12.5(x>50)\end{cases}$.

4. $S=\dfrac{\sqrt{3}}{4}x^2, L=3x$.

5. $L=\dfrac{\sqrt{2}}{2}d$.

6. ×.

7. ×.

8. (1) $[-2,2]$；(2) $[-2,-1)\cup(-1,1)\cup(1,+\infty)$；

(3) $(-\infty,0)\cup(0,1)\cup(1,+\infty)$；(4) $0,+\infty$;

(5) $(-1,+\infty)$；(6) $(-\infty,1)\cup(1,2)\cup(2,+\infty)$；

(7) $(-\infty,-1]\cup[2,4)$；(8) $(0,2)\cup(2,4]$；

(9) $(1,+\infty)$；(10) $[2,3)\cup(3,5)$.

9. 3， 1， $\dfrac{2a-3}{a-1}$， $\dfrac{3a-2}{a-1}$， $\dfrac{2a-1}{a}$.

10. 1， 3.

11. 0，$\dfrac{\sqrt{2}}{2}$， $\dfrac{\sqrt{2}}{2}$， 0.

12. 略

13. $\dfrac{1}{3+x}$，$\dfrac{1}{1+2x}$，$\dfrac{1}{1+x^2}$，$\dfrac{1+x}{2+x}$，$\dfrac{1}{2+x}$.

**习题** 1.3

1. (1)偶函数，(2)偶函数，(3)奇函数，(4)非奇非偶函数，(5)非奇非偶函数，(6)非奇非偶函数.

2. (1) $y=\dfrac{x-4}{3}$，(2) $y=x^2-2(x\geqslant 0)$.

3. 略.

**习题** 1.4

1. 略.

2. (1) $y=\sin u, u=5x$；(2) $y=u^2, u=\cos v, v=6x$；

(3) $y=\ln u, u=3x+1$；(4) $y=\sqrt{u}, u=\tan v, v=\dfrac{x}{2}$；

(5) $y=u^2, u=1+\ln x$；(6) $y=u^2, u=\lg v, v=\arctan t, t=\sqrt{x}$；

(7) $y=\sqrt{u}, u=\ln v, v=\sqrt{x}$；(8) $y=u^2, u=\sin v, v=x+\dfrac{\pi}{2}$.

3. 初等函数为(1)(3)(4).

4. 复合函数是(2)(5)(6).

5. (1) $y=\sin^2 x, y_1=\dfrac{1}{4}, y_2=\dfrac{3}{4}$.  (2) $y=\sin 2x, y_1=\dfrac{\sqrt{2}}{2}, y_2=1$.

(3) $y=\sqrt{1+x^2}, y_1=\sqrt{2}, y_2=\sqrt{5}$.  (4) $y=2e^{x+1}, y_1=2e, y_2=2e^2$.

(5) $y=\ln(x+1), y_1=0, y_2=\ln 10$.

6. (1)×，(2)√，(3)×，(4)×，(5)×，(6)×.

7. (1)直线 $y=x$.  (2) $y=\log_2\dfrac{x}{1-x}$.  (3) $(-1,2)\cup(2,+\infty)$.

(4) $y=e^u, u=\sin v, v=2x$.  (5) $y=u^2, u=\sin v, v=e^x$.

8. CBAAC.

# 第二章 习题参考答案

**习题** 2.1

1. 略.

2. 略.

3. (1)1;(2)1;(3)发散;(4)发散.

4. (1)1;(2) 3/2.

**习题** 2.2

1. 略.

2. (1)存在;(2)不存在.

3. $\lim\limits_{x\to1^+}f(x)=2$;$\lim\limits_{x\to1^-}f(x)=3$;当在 $x\to1$ 时,极限不存在.

4. 右极限是1;左极限$-1$;在 $x\to0$ 时,极限不存在.

**习题** 2.3

1. 略.

2. 略.

3. (1) $x\to1$ 时为无穷小;

(2) $x\to\frac{\pi}{2}$ 时为无穷小;

(3) $x\to0$ 时为无穷小;

(4) $x\to1$ 时为无穷小.

**习题** 2.4

1. (1)1; (2)36; (3)1; (4)4; (5) $\infty$;

(6)3/5; (7) $\infty$; (8)0; (9) $\infty$; (10) $\frac{1}{2}$;

(11)0; (12)1; (13)1/2; (14)1/4; (15)1.

**习题** 2.5

1. (1)2/3; (2)1; (3)1; (4)1.

2. (1)$e^{-2}$; (2)$e^{-2}$; (3)$e^{\frac{2}{3}}$; (4)$e^{2}$.

3. (1)1; (2)0; (3)e; (4)2.

**习题** 2.6

1. 略.

2. 1.

**习题** 2.7

1. 略. 2. 略. 3. 略.

4. (1) $x=3$ 处为第二类间断点;(2) $x=k\pi(\pi=1,2,\cdots)$ 处为第二类间断点;(3) $x=2$,$x=1$ 处为第二类间断点;(4) $x=0$ 为第一类间断点.

5. (1)2; (2)1; (3) $\ln\sqrt{2}$; (4)2.

6. 略.

7. 略.

# 第 3 章　导数与微分习题答案

**习题** 3.1

1. 略.

2. $y'|_{x=4}=\frac{1}{4}$，$y'|_{x=16}=\frac{1}{8}$.

3. $k=-4$；$y=-4x+4$；$2x-8y+15=0$.

4. 略.

5. (1) $10^x\ln 10\ \frac{\ln 10}{100}$；$\ln 10$；

(2) $\frac{1}{x\ln 10}$；$\frac{1}{x\ln 5}$.

**习题** 3.2

1. 略.

2. (1) $\cos x - x\sin x$；

(2) $\sec^2 x - 2\mathrm{tag}x\sec x$；

(3) $\frac{\sin x+\cos x+1}{(1+\cos x)^2}$.

3. (1)0；(2) $\frac{6}{25}$.

4. (1) $\frac{2\sqrt{x}\cos x+2x-\sin x}{2\sqrt{x}(1+\sqrt{x})^2}$；(2) $-\frac{1+2x}{1+x+x^2}$.

**习题** 3.3

1. (1) $2^x\ln 2$；　(2) $2\cos(2x+1)$；

(3) $\sin 2x$；　(4) $2x\cos x^2$；

(5) $6(3x+1)$；　(6) $3(x^2+x+2)^2(2x+1)$；

(7) $2\sec^2(2x+1)$；　(8) $-\frac{1}{2\sqrt{x}}\csc^2\sqrt{x}$；

(9) $\sec x\csc x$；　(10) $2\cos 2x$；

(11) $3\cos 3x-\frac{1}{3}\sin\frac{x}{3}$；　(12) $-(x^2-4)^{-\frac{3}{2}}x$；

(13) $\frac{2x}{(x+1)^3}$；　(14) $-3e^{-3x}$；

(15) $\cot x$；　(16) $\frac{1}{x\ln x}$.

**习题** 3.4

1. (1) $\frac{-1}{2\sqrt{x-x^2}}$；　(2) $\frac{1}{2t\sqrt{1-t}}$.

2. (1) $\frac{e^y}{1-xe^y}$；　(2) $\frac{\cos(x+y)}{e^y-\cos(x+y)}$；

(3) $\frac{\sin y}{1-x\cos y}$　(4) $\frac{-y\sin(xy)-\cot y}{x\csc^2 y+x\sin(xy)}$.

**习题** 3.5

1. 略.

2. (1) $\frac{3}{4}x^{-\frac{2}{4}}$ ;(2) $-4x^{-5}$ ;(3) $\frac{1}{x\ln 10}$ ;(4) $(2e)^x\ln 2e$ .

3. (1) $4x-1$ ;　　(2) $\frac{1}{2\sqrt{x}}+\frac{1}{x^2}$ ;

(3) $-\frac{2}{3}x^{\frac{3}{2}}+\frac{1}{2}x^{\frac{5}{2}}$ ;　　(4) $3x^2-2x$ ;

(5) $2x-a-b$ ;　　(6) $x^{n-1}(n\ln x+1)$ .

4. (1) $2(1+x^2)(1+3x)$ ;　　(2) $\frac{(x-1)(x+3)}{(x+1)^2}$ ;

(3) $\frac{2x}{(1+x^2)\ln a}$ ;　　(4) $\frac{1}{\sqrt{x}(1+x)}$ ;

(5) $\frac{1}{\sin x\cos x}$ ;　　(6) $\frac{1}{\sqrt{x^2-a^2}}$ ;

(7) $e^{\arccos x}\ \frac{1}{\sqrt{1-x^2}}$ ;　　(8) $\frac{2\arctan x}{1+x^2}$ ;

(9) $2\sqrt{1-x^2}$ .

5. (1) $-\frac{1}{x^2}$ ;(2) $12x^2-6$ ;(3) $-\sin x$ ;(4) $\frac{-2x}{(1+x^2)^2}$ .

6. (1) $\cos(x+n\frac{\pi}{2})$ ;(2) $(-1)^{n-1}\frac{(n-1)}{(1+x)^n}$ .

7. 略.

**习题** 3.6

1. 略.

2. (1) $dy=2xdx$ ;(2) $dy=\frac{1}{\sqrt{x}}dx$ ;

(3) $dy=-\frac{2}{(x-1)^2}dx$ ;(4) $dy=-\frac{2x}{(x^2-1)^2}dx$ .

**习题** 3.7

1. (1)1.017 8;(2)0.02;(3)0.719 4;(4)1.00.

2. 略.

3. 略.

4. 略.

## 第四章　习题参考答案

**习题** 4.1

1. 略.

2. (1)2;　(2) ∞;　(3)1;　(4)2;　(5)1;　(6)1;　(7);　(8)1;　(9) $\frac{1}{e}$ .

3.(1)不能,极限为1； (2)不能,极限为1； (3)可以,极限为$\frac{1}{2}$.

4. $a=-3, b=\frac{9}{2}$.

**习题** 4.2

1.(1) $(-\infty,-1)(3,+\infty)$ 为单调递增区间,$(-1,3)$ 为单调递减区间.

(2) $(0,2)$ 为单调递减区间,$(2,+\infty)$ 为单调递增区间.

(3) $(-\infty,0)$ 为单调递增区间,$(0,+\infty)$ 为单调递增区间.

(4) $(-\infty,-1)$ 及$(1,+\infty)$ 为单调递减区间,$(-1,1)$ 为单调递增区间.

2.略.

**习题** 4.3

1.(1) $x=1$ 时,函数取得极小值2.

(2) $x=0$ 时,函数取得极大值0；$x=1$ 时,函数取得极小值$-1$.

(3) $x=0$ 时,函数取得极小值0；$x=1$ 时,函数取得极小值$\frac{4}{27}$.

(4) $x=-1$ 时,函数取得极小值$-\frac{1}{2}$；$x=1$ 时,函数取得极大值$\frac{1}{2}$.

(5) $x=\frac{3}{4}$ 时,函数取得极大值$\frac{5}{4}$.

(6) $x=1$ 时,函数取得极大值2.

2.略.

3. $a=2$ 时,$f(x)$ 在 $x=\frac{\pi}{3}$ 处取得极大值,且极大值为 $f(\frac{\pi}{3})=\sqrt{3}$.

**习题** 4.4

1.(1) $x=4$ 时,函数取得最大值80；$x=-1$ 时,函数取得最小值$-5$.

(2) $x=3$ 时,函数取得最大值11；$x=2$ 时,函数取得最小值$-14$.

(3) $x=-\frac{\pi}{2}$ 时,函数取得最大值$\frac{\pi}{2}$；$x=-\frac{\pi}{2}$ 时,函数取得最小值$\frac{\pi}{2}$.

(4) $x=\frac{3}{4}$ 时,函数取得最大值$\frac{5}{4}$；$x=1$ 时,函数取得最小值$-5+\sqrt{6}$.

(5) $x=4$ 时,函数取得最大值8；$x=0$ 时,函数取得最小值0.

(6) $x=2$ 时,函数取得最大值4；$x=0$ 时,函数取得最小值0.

2.长为1.5米、宽为1米时,窗户有最大面积1.5平方米.

3. $AD=15\text{km}$ 时,总运费最省.

## 第五章　习题参考答案

**习题** 5.1

1.略.　　2.略.　　3.略.

4.(1) $y=\ln|x|+2$；

(2) $R(q)=50q-q^2$.

**习题** 5.2

1.略.

2.(1) $\frac{1}{26}(2x-1)^{13}+c$；　(2) $\arcsin\frac{x}{3}+c$；

(3) $-\frac{3^{2-5x}}{5\ln3}+c$；　(4) $\frac{1}{2}\ln\left|\frac{1+x}{1-x}\right|+c$；

(5) $\frac{1}{\omega}\sin(\omega x+\varphi)+c$；　(6) $\frac{2}{3}(x+a)^{\frac{3}{2}}+c$；

(7) $\ln(3+2x)+c$；　(8) $-\frac{1}{4m}\cos\omega mx+c$；

(9) $\frac{1}{2a}\ln\left|\frac{x-a}{x+a}\right|+c$.

3.(1) $2\left[\sqrt{x}-\ln(1+\sqrt{x})\right]+c$；　(2) $x-2\sqrt{2x+1}+\ln(\sqrt{2x+1}+1)+c$；

(3) $\frac{1}{2}\arcsin x-\frac{1}{2}x\sqrt{1-x^2}+c$；　(4) $\sqrt{x^2-9}-3\arccos\frac{3}{x}+c$.

**习题** 5.3

1. (1) $xf'(x)-f(x)+c$；(2) $xf(x)+c$；(3) $x\cos x-\sin x+c$.

2. (1) $-x\cos x+\sin x+c$；　(2) $\frac{1}{2}x^2\arctan x-\frac{1}{2}x+\frac{1}{2}\arctan x+c$；

(3) $\frac{1}{2}e^x(\sin x+\cos x)+c$；　(4) $-x(e^{-x}+1)+c$.

(5) $x^2\sin x+2x\cos x-2\sin x+c$；　(6) $x\tan x+\ln|\cos x|-\frac{1}{2}x^2+c$.

3. $\cos x-\frac{2\sin x}{x}+c$.

## 第六章　习题参考答案

**习题** 6.1

1.略.

2.(1)由定积分的几何意义,此定积分表示由直线 $y=x+1$，$x=4$，$x=2$ 和轴所围成的图形的面积,面积为 8.

(2)由定积分的几何意义,此定积分表示由直线 $y=2x$，$x=3$，$x=1$ 和 $x$ 轴所围成的图形面积,面积为 8.

(3)由定积分的几何意义,此定积分表示由曲线 $y=x^3$，$x=2$，$x=1$ 和 $x$ 轴所围成的图形面积的代数和为 $\frac{15}{4}$.

(4)由定积分的几何意义,此定积分表示由曲线 $y=\cos x$，$x=0$，$x=2\pi$ 和 $x$ 轴所围成的图形面积的代数和为 0.

(5)由定积分的几何意义,此式表示由曲线 $y=\sqrt{a^2-x^2}$ 、直线 $x=0$，$x=a$ 及 $x$ 轴围成的图形面积代数和为 $\frac{\pi}{4}a^2$.

3. (1) $\geqslant$； (2) $\geqslant$； (3) $\geqslant$； (4) $\leqslant$.

4. (1) $-2 \leqslant \int_{-1}^{3} \frac{x}{1+x^2}\mathrm{d}x \leqslant 2$ (2) $\frac{\pi}{2} \leqslant \int_{0}^{\frac{\pi}{2}} \mathrm{e}^{\sin x}\mathrm{d}x \leqslant \frac{\pi}{2}\mathrm{e}$.

**习题** 6.2

1. (1) $\frac{5}{2}$； (2) $\frac{4}{5}(2^{\frac{5}{4}}-1)$； (3) $\frac{\pi}{6}$； (4) $-1$； (5) $\frac{1}{2}(\ln 2)^2$； (6) $4\sqrt{2}$； (7) $\frac{\pi}{2}$.

2. $\frac{\pi}{2}(\pi-1)+1$.

3. $\frac{38}{3}$.

**习题** 6.3

1. (1) $\frac{\sqrt{3}}{2}+\frac{\pi}{3}$； (2) $4-2\arctan 2$； (3) $\ln\frac{2\mathrm{e}}{1+\mathrm{e}}$； (4) $\frac{51}{512}$；
   (5) $10+\frac{9}{2}\ln 3$； (6) $\frac{5}{3}$； (7) $2\sqrt{2}-2$； (8) $\frac{1}{5}$.

2. (1) $1-\frac{2}{\mathrm{e}}$； (2) 1； (3) 1； (4) $\frac{\pi}{8}-\frac{1}{4}$；
   (5) $4(2\ln 2-1)$； (6) $\frac{1}{5}(\mathrm{e}^{\pi}-2)$； (7) $8\pi-16$； (8) $2\pi$.

3. 提示：令 $x=\frac{\pi}{2}-t$.

**习题** 6.4

1. (1) $\frac{1}{3}$； (2) $\frac{3}{2}-\ln 2$； (3) $2\sqrt{2}-2$； (4) $\frac{32}{3}$ (5) 36； (6) $\frac{2}{3}$.

2. $\frac{4}{3}$.

3. (1) $V_x=\frac{\pi}{6}, V_y=\frac{\pi}{12}$ (2) $V_x=3\pi, V_y=(\frac{32}{5}-\frac{4\sqrt{2}}{5})\pi$.

4. 0.9 J.

5. 29 541 J. 提示：$W=\int_{1}^{2}\pi\cdot 0.8^2\cdot 10^3\cdot 9.8x\mathrm{d}x$

6. $\pi a^2$.

7. $\frac{575}{6}$.

8. $\frac{6-3\sqrt{3}}{\pi}$.

9. $1.633\times 10^6\ N$.

# 附录　积分表

(一)含有 ax+b 的积分

1. $\int \frac{dx}{ax+b} = \frac{1}{a}\ln|ax+b|+C$

2. $\int (ax+b)^{a} dx = \frac{1}{a(a+1)}(ax+b)^{a+1}+C$

3. $\int \frac{x}{ax+b}dx = \frac{1}{a^2}(ax+b-b\ln|ax+b|)+C$

4. $\int \frac{x^2}{ax+b}dx = \frac{1}{a^3}\left[\frac{1}{2}(ax+b)^2-2b(ax+b)+b^2\ln|ax+b|\right]+C$

5. $\int \frac{dx}{x(ax+b)} = -\frac{1}{b}\ln\left|\frac{ax+b}{x}\right|+C$

6. $\int \frac{dx}{x^2(ax+b)} = -\frac{1}{bx}+\frac{a}{b^2}\ln\left|\frac{ax+b}{x}\right|+C$

7. $\int \frac{x}{(ax+b)^2}dx = \frac{1}{a^2}(\ln|ax+b|+\frac{b}{ax+b})+C$

8. $\int \frac{x^2}{(ax+b)^2}dx = \frac{1}{a^3}(ax+b-2b\ln|ax+b|-\frac{b^2}{ax+b})+C$

9. $\int \frac{dx}{x(ax+b)^2} = \frac{1}{b(ax+b)}-\frac{1}{b^2}\ln\left|\frac{ax+b}{x}\right|+C$

(二) 含有 $\sqrt{ax+b}$ 的积分

10. $\int \sqrt{ax+b}dx = \frac{2}{3a}\sqrt{(ax+b)^3}+C$

11. $\int x\sqrt{ax+b}dx = \frac{2}{15a^2}(3ax-2b)\sqrt{(ax+b)^3}+C$

12. $\int x^3\sqrt{ax+b}dx = \frac{2}{105a^3}(15a^2x^2-12abx+8b^2)\sqrt{(ax+b)^3}+C$

13. $\int \frac{x}{\sqrt{ax+b}}dx = \frac{2}{3a^2}(ax-2b)\sqrt{ax+b}+C$

14. $\int \frac{x^2}{\sqrt{ax+b}}dx = \frac{2}{15a^3}(3a^2x^2-4abx+8b^2)\sqrt{ax+b}+C$

15. $$\int \frac{dx}{x\sqrt{(ax+b)}} = \begin{cases} \frac{1}{\sqrt{b}}\ln\left|\frac{\sqrt{ax+b}-\sqrt{b}}{\sqrt{ax+b}+\sqrt{b}}\right|+C & (b>0) \\ \frac{2}{\sqrt{-b}}\arctan\sqrt{\frac{ax+b}{bx}}+C & (b<0) \end{cases}$$

16. $\int \frac{dx}{x^2\sqrt{ax+b}} = \frac{-\sqrt{ax+b}}{bx}-\frac{a}{2b}\int \frac{dx}{x\sqrt{ax+b}}$

17. $\int \frac{\sqrt{ax+b}}{x}dx = 2\sqrt{ax+b} + b\int \frac{dx}{x\sqrt{ax+b}}$

18. $\int \frac{\sqrt{ax+b}}{x^2}dx = \frac{-\sqrt{ax+b}}{x} + \frac{a}{2}\int \frac{dx}{x\sqrt{ax+b}}$

**（三）含有 $x^2 \pm a^2$ 的积分**

19. $\int \frac{dx}{x^2+a^2} = \frac{1}{a}\arctan\frac{x}{a} + C$

20. $\int \frac{dx}{(x^2+a^2)^n} = \frac{x}{2(n-1)a^2(x^2+a^2)^{n-1}} + \frac{2n-3}{2(n-1)a^2}\int \frac{dx}{(x^2+a^2)^{n-1}}$

21. $\int \frac{dx}{x^2-a^2} = \frac{1}{2a}\ln\left|\frac{x-a}{x+a}\right| + C$

**（四）含有 $ax^2+b(a>0)$ 的积分**

22. $\int \frac{dx}{ax^2+b} = \begin{cases} \frac{1}{\sqrt{ab}}\arctan\sqrt{\frac{a}{b}}x + C & (b>0) \\ \frac{1}{2\sqrt{-ab}}\ln\left|\frac{\sqrt{a}x-\sqrt{-b}}{\sqrt{a}x+\sqrt{-b}}\right| + C & (b<0) \end{cases}$

23. $\int \frac{x}{ax^2+b}dx = \frac{1}{2a}\ln|ax^2+b| + C$

24. $\int \frac{x^2}{ax^2+b}dx = \frac{x}{a} - \frac{b}{a}\int \frac{dx}{ax^2+b}$

25. $\int \frac{dx}{x(ax^2+b)} = \frac{1}{2b}\ln\frac{x^2}{|ax^2+b|} + C$

26. $\int \frac{dx}{x^2(ax^2+b)} = -\frac{1}{bx} - \frac{a}{b}\int \frac{dx}{ax^2+b}$

27. $\int \frac{dx}{x^3(ax^2+b)} = \frac{a}{2b^2}\ln\frac{|ax^2+b|}{x^2} - \frac{1}{2bx^2} + C$

28. $\int \frac{dx}{(ax^2+b)^2} = -\frac{x}{2b(ax^2+b)} + \frac{1}{2b}\int \frac{dx}{ax^2+b}$

**（五）含有 $ax^2+bx+c(a>0)$ 的积分**

29. $\int \frac{dx}{ax^2+bx+c} = \begin{cases} \frac{2}{\sqrt{4ac-b^2}}\arctan\frac{2ax+b}{\sqrt{4ac-b^2}} + C & (b^2<4ac) \\ \frac{1}{\sqrt{b^2-4ac}}\ln\left|\frac{2ax+b-\sqrt{b^2-4ac}}{2ax+b+\sqrt{b^2-4ac}}\right| + C & (b^2>4ac) \end{cases}$

30. $\int \frac{x}{ax^2+bx+c}dx = \frac{1}{2a}\ln|ax^2+bx+c| - \frac{b}{2a}\int \frac{dx}{ax^2+bx+c}$

**（六）含有 $\sqrt{x^2+a^2}(a>0)$ 的积分**

31. $\int \frac{dx}{\sqrt{(x^2+a^2)^3}} = \frac{x}{a^2\sqrt{x^2+a^2}} + C$

32. $\int \frac{x}{\sqrt{x^2+a^2}}\mathrm{d}x = \sqrt{x^2+a^2}+C$

33. $\int \frac{x}{\sqrt{(x^2+a^2)^3}}\mathrm{d}x = -\frac{1}{\sqrt{x^2+a^2}}+C$

34. $\int \frac{x^2}{\sqrt{x^2+a^2}}\mathrm{d}x = \frac{x}{2}\sqrt{x^2+a^2}-\frac{a^2}{2}\ln(x+\sqrt{x^2+a^2})+C$

35. $\int \frac{x^2}{\sqrt{(x^2+a^2)^3}}\mathrm{d}x = -\frac{x}{\sqrt{x^2+a^2}}+\ln(x+\sqrt{x^2+a^2})+C$

36. $\int \frac{\mathrm{d}x}{x\sqrt{x^2+a^2}} = \frac{1}{a}\ln\frac{\sqrt{x^2+a^2}-a}{|x|}+C$

37. $\int \frac{\mathrm{d}x}{x^2\sqrt{(x^2+a^2)}} = -\frac{\sqrt{x^2+a^2}}{a^2x}+C$

38. $\int \sqrt{x^2+a^2}\,\mathrm{d}x = \frac{x}{2}\sqrt{x^2+a^2}+\frac{a^2}{2}\ln(x+\sqrt{x^2+a^2})+C$

39. $\int \sqrt{(x^2+a^2)^3}\,\mathrm{d}x = \frac{x}{8}(2x^2+5a^2)\sqrt{x^2+a^2}+\frac{3a^4}{8}\ln(x+\sqrt{x^2+a^2})+C$

40. $\int x\sqrt{x^2+a^2}\,\mathrm{d}x = \frac{1}{3}\sqrt{(x^2+a^2)^3}+C$

41. $\int x^2\sqrt{x^2+a^2}\,\mathrm{d}x = \frac{x}{8}(2x^2+a^2)\sqrt{x^2+a^2}-\frac{a^4}{8}\ln(x+\sqrt{x^2+a^2})+C$

42. $\int \frac{\sqrt{x^2+a^2}}{x^2}\mathrm{d}x = \sqrt{x^2+a^2}+a\ln\frac{\sqrt{x^2+a^2}-a}{|a|}+C$

43. $\int \frac{\sqrt{x^2+a^2}}{x^2}\mathrm{d}x = -\frac{\sqrt{x^2+a^2}}{x}+\ln(x+\sqrt{x^2+a^2})+C$

**(七) 含有 $\sqrt{x^2-a^2}\,(a>0)$ 的积分**

44. $\int \frac{\mathrm{d}x}{\sqrt{(x^2-a^2)^3}} = -\frac{x}{a^2\sqrt{x^2-a^2}}+C$

45. $\int \frac{x}{\sqrt{x^2-a^2}}\mathrm{d}x = \sqrt{x^2-a^2}+C$

46. $\int \frac{x}{\sqrt{(x^2-a^2)^3}}\mathrm{d}x = -\frac{1}{\sqrt{x^2-a^2}}+C$

47. $\int \frac{x^2}{\sqrt{x^2-a^2}}\mathrm{d}x = \frac{x}{2}\sqrt{x^2-a^2}+\frac{a^2}{2}\ln(x+\sqrt{x^2-a^2})+C$

48. $\int \frac{x^2}{\sqrt{(x^2-a^2)^3}}\mathrm{d}x = -\frac{x}{\sqrt{x^2-a^2}}+\ln(x+\sqrt{x^2-a^2})+C$

49. $\int \frac{\mathrm{d}x}{x\sqrt{x^2-a^2}} = \frac{1}{a}\arccos\frac{a}{|x|}+C$

50. $\int \frac{\mathrm{d}x}{x^2\sqrt{x^2-a^2}} = \frac{\sqrt{x^2-a^2}}{a^2x}+C$

51. $\int \sqrt{x^2-a^2}\,\mathrm{d}x = \frac{x}{2}\sqrt{x^2-a^2} - \frac{a^2}{2}\ln(x+\sqrt{x^2-a^2}) + C$

52. $\int \sqrt{(x^2-a^2)^3}\,\mathrm{d}x = \frac{x}{8}(2x^2-5a^2)\sqrt{x^2-a^2} - \frac{a^4}{8}\ln(x+\sqrt{x^2-a^2}) + C$

53. $\int x\sqrt{x^2-a^2}\,\mathrm{d}x = \frac{1}{3}\sqrt{(x^2-a^2)^3} + C$

54. $\int x^2\sqrt{x^2-a^2}\,\mathrm{d}x = \frac{x}{8}(2x^2-a^2) - \frac{a^4}{8}\ln(x+\sqrt{x^2-a^2}) + C$

55. $\int \frac{\sqrt{x^2-a^2}}{x}\mathrm{d}x = \sqrt{x^2-a^2} + \arccos\frac{a}{|x|} + C$

56. $\int \frac{\sqrt{x^2-a^2}}{x^2}\mathrm{d}x = -\frac{\sqrt{x^2-a^2}}{x} + \ln(x+\sqrt{x^2-a^2}) + C$

**(八) 含有 $\sqrt{a^2-x^2}\,(a>0)$ 的积分**

57. $\int \frac{\mathrm{d}x}{\sqrt{a^2-x^2}} = \arcsin\frac{x}{a} + C$

58. $\int \frac{\mathrm{d}x}{\sqrt{(a^2-x^2)^3}} = -\frac{x}{a^2\sqrt{a^2-x^2}} + C$

59. $\int \frac{x}{\sqrt{a^2-x^2}}\mathrm{d}x = -\sqrt{a^2-x^2} + C$

60. $\int \frac{x}{\sqrt{(a^2-x^2)^3}}\mathrm{d}x = \frac{1}{\sqrt{a^2-x^2}} + C$

61. $\int \frac{x^2}{\sqrt{(a^2-x^2)^3}}\mathrm{d}x = \frac{x}{\sqrt{a^2-x^2}} - \arcsin\frac{x}{a} + C$

62. $\int \frac{x^2}{\sqrt{a^2-x^2}}\mathrm{d}x = -\frac{x}{2}\sqrt{a^2-x^2} + \frac{a^2}{2}\arcsin\frac{x}{a} + C$

63. $\int \frac{\mathrm{d}x}{x\sqrt{a^2-x^2}} = \frac{1}{a}\ln\frac{a-\sqrt{a^2-x^2}}{|x|} + C$

64. $\int \frac{\mathrm{d}x}{x^2\sqrt{a^2-x^2}} = -\frac{\sqrt{a^2-x^2}}{a^2x} + C$

65. $\int \sqrt{a^2-x}\,\mathrm{d}x = \frac{x}{2}\arcsin\frac{x}{a} + C$

66. $\int \sqrt{(a^2-x^2)^3}\,\mathrm{d}x = \frac{x}{8}(5a^2-2x^2)\sqrt{a^2-x^2} + \frac{3a^4}{8}\arcsin\frac{x}{a} + C$

67. $\int x\sqrt{a^2-x^2}\,\mathrm{d}x = \frac{1}{3}\sqrt{(a^2-x^2)^3} + C$

68. $\int x^2\sqrt{a^2-x^2}\,\mathrm{d}x = \frac{x}{8}(2x^2-a^2)\sqrt{a^2-x^2} + \frac{a^4}{8}\arcsin\frac{x}{a} + C$

69. $\int \frac{\sqrt{a^2-x^2}}{x}\mathrm{d}x = \sqrt{a^2-x^2} + a\ln\frac{a-\sqrt{a^2-x^2}}{|x|} + C$

70. $\int \frac{\sqrt{a^2-x^2}}{x^2}dx=-\frac{\sqrt{a^2-x^2}}{x}-\arcsin\frac{x}{a}+C$

**(九) 含有 $\sqrt{\pm ax^2+bx+c}(a>0)$ 的积分**

71. $\int \frac{dx}{\sqrt{ax^2+bx+c}}=\frac{1}{\sqrt{a}}\ln\left|2ax+b+2\sqrt{a}\sqrt{ax^2+bx+c}\right|+C$

72. $\int \sqrt{ax^2+bx+c}dx=\frac{2ax+b}{4a}\sqrt{ax^2+bx+c}+\frac{4ac-b^2}{8\sqrt{a^3}}\ln\left|2ax+b+2\sqrt{a}\sqrt{ax^2+bx+c}\right|+C$

73. $\int \frac{x}{\sqrt{ax^2+bx+c}}dx=\frac{1}{a}\sqrt{ax^2+bx+c}-\frac{b}{2\sqrt{a^3}}\ln\left|2ax+b+2\sqrt{a}\sqrt{ax^2+bx+c}\right|+C$

74. $\int \frac{dx}{\sqrt{c+bx-ax^2}}=-\frac{1}{\sqrt{a}}\arcsin\frac{2ax-b}{\sqrt{b^2+4ac}}+C$

75. $\int \sqrt{c+bx-ax^2}dx=\frac{2ax-b}{4a}\sqrt{c+bx-ax^2}+\frac{b^2+4ac}{8\sqrt{a^3}}\arcsin\frac{2ax-b}{\sqrt{b^2+4ac}}+C$

76. $\int \frac{x}{\sqrt{c+bx-ax^2}}dx=-\frac{1}{a}\sqrt{c+bx-ax^2}+\frac{b}{2\sqrt{a^3}}\arcsin\frac{2ax-b}{\sqrt{b^2+4ac}}+C$

**(十) 含有 $\sqrt{\pm\frac{x-a}{x-b}}$ 或 $\sqrt{(x-a)(x-b)}$ 的积分**

77. $\int \sqrt{\frac{x-a}{x-b}}dx=(x-b)\sqrt{\frac{x-a}{x-b}}+(b-a)\ln(\sqrt{|x-a|}+\sqrt{|x-b|})+C$

78. $\int \sqrt{\frac{x-a}{b-x}}dx=(x-b)\sqrt{\frac{x-a}{b-x}}+(b-a)\arcsin\sqrt{\frac{x-a}{b-x}}+C$

79. $\int \frac{dx}{\sqrt{(x-a)(b-x)}}=2\arcsin\sqrt{\frac{x-a}{b-x}}+C \quad (a<b)$

80. $\int \sqrt{(x-a)(b-x)}dx=\frac{2x-a-b}{4}\sqrt{(x-a)(b-x)}+$

$\frac{(b-a)^2}{4}\arcsin\sqrt{\frac{x-a}{b-x}}+C \quad (a<b)$

**(十一) 含有三角函数的积分**

81. $\int \sin x dx=-\cos x+C$

82. $\int \cos x dx=\sin x+C$

83. $\int \tan x dx=-\ln|\cos x|+C$

84. $\int \cot x dx=\ln|\sin x|+C$

85. $\int \sec x dx=\ln\left|\tan\left(\frac{\pi}{4}+\frac{x}{2}\right)\right|+C=\ln|\sec x+\tan x|+C$

86. $\int \csc x dx=\ln\left|\tan\frac{x}{2}\right|+C=\ln|\csc x-\cot x|+C$

87. $\int \sec^2 x \mathrm{d}x = \tan x + C$

88. $\int \csc^2 x \mathrm{d}x = -\cot x + C$

89. $\int \sec x \tan x \mathrm{d}x = \sec x + C$

90. $\int \csc x \cot x \mathrm{d}x = -\csc x + C$

91. $\int \sin^2 x \mathrm{d}x = \frac{x}{2} - \frac{1}{4}\sin 2x + C$

92. $\int \cos^2 x \mathrm{d}x = \frac{x}{2} + \frac{1}{4}\sin 2x + C$

93. $\int \sin^n x \mathrm{d}x = -\frac{1}{n}\sin^{n-1} x \cos x + \frac{n-1}{n}\int \sin^{n-2} x \mathrm{d}x$

94. $\int \cos^n x \mathrm{d}x = \frac{1}{n}\cos^{n-1} x \sin x + \frac{n-1}{n}\int \cos^{n-2} x \mathrm{d}x$

95. $\int \frac{\mathrm{d}x}{\sin^n x} = -\frac{1}{n-1} \cdot \frac{\cos x}{\sin^{n-1} x} + \frac{n-2}{n-1}\int \frac{\mathrm{d}x}{\sin^{n-2} x}$

96. $\int \frac{\mathrm{d}x}{\cos^n x} = \frac{1}{n-1} \cdot \frac{\sin x}{\cos^{n-1} x} + \frac{n-2}{n-1}\int \frac{\mathrm{d}x}{\cos^{n-2} x}$

97. $\int \cos^m x \sin^n x \mathrm{d}x = \frac{1}{m+n}\cos^{m-1} x \sin^{n+1} x + \frac{m-1}{m+n}\int \cos^{m-2} x \sin^n x \mathrm{d}x$

98. $\int \sin ax \cos bx \mathrm{d}x = -\frac{1}{2(a+b)}\cos(a+b)x - \frac{1}{2(a-b)}\cos(a-b)x + C$

99. $\int \sin ax \sin bx \mathrm{d}x = -\frac{1}{2(a+b)}\sin(a+b)x + \frac{1}{2(a-b)}\sin(a-b)x + C$

100. $\int \cos ax \cos bx \mathrm{d}x = \frac{1}{2(a+b)}\sin(a+b)x + \frac{1}{2(a-b)}\sin(a-b)x + C$

101. $\int \frac{\mathrm{d}x}{a+b\sin x} = \frac{2}{\sqrt{a^2-b^2}}\arctan\frac{a\tan\frac{x}{2}+b}{\sqrt{a^2-b^2}} + C \qquad (a^2 > b^2)$

102. $\int \frac{\mathrm{d}x}{a+b\sin x} = \frac{1}{\sqrt{b^2-a^2}}\ln\left|\frac{a\tan\frac{x}{2}+b-\sqrt{b^2-a^2}}{a\tan\frac{x}{2}+b+\sqrt{b^2-a^2}}\right| + C \qquad (a^2 < b^2)$

103. $\int \frac{\mathrm{d}x}{a+b\cos x} = \frac{2}{a+b}\sqrt{\frac{a+b}{a-b}}\arctan\left(\sqrt{\frac{a+b}{a-b}}\tan\frac{x}{2}\right) + C \qquad (a^2 > b^2)$

104. $\int \frac{\mathrm{d}x}{a+b\cos x} = \frac{1}{a+b}\sqrt{\frac{a+b}{a-b}}\ln\left|\frac{\tan\frac{x}{2}+\sqrt{\frac{a+b}{a-b}}}{a\tan\frac{x}{2}-\sqrt{\frac{a+b}{a-b}}}\right| + C \qquad (a^2 < b^2)$

105. $\int \frac{\mathrm{d}x}{a^2\cos^2 x + b^2\sin^2 x} = \frac{1}{ab}\arctan\left(\frac{b}{a}\tan x\right) + C$

106. $\int \frac{\mathrm{d}x}{a^2\cos^2 x - b^2\sin^2 x} = \frac{1}{2ab}\ln\left|\frac{b\tan x + a}{b\tan x - a}\right| + C$

107. $\int x\sin ax\,\mathrm{d}x = \frac{1}{a^2}\sin ax - \frac{1}{a}x\cos ax + C$

108. $\int x^2\sin ax\,\mathrm{d}x = -\frac{1}{a}x^2\cos ax + \frac{2}{a^2}x\sin ax + \frac{2}{a^3}\cos ax + C$

109. $\int x\cos ax\,\mathrm{d}x = \frac{1}{a^2}\cos ax + \frac{1}{a}x\sin ax + C$

110. $\int x^2\cos ax\,\mathrm{d}x = \frac{1}{a}x^2\sin ax + \frac{2}{a^2}x\cos ax - \frac{2}{a^3}\sin ax + C$

**(十二) 含有反三角函数的积分(其中 $a > 0$)**

111. $\int \arcsin\frac{x}{a}\mathrm{d}x = x\arcsin\frac{x}{a} + \sqrt{a^2 - x^2} + C$

112. $\int x\arcsin\frac{x}{a}\mathrm{d}x = \left(\frac{x^2}{2} - \frac{a^2}{4}\right)\arcsin\frac{x}{a} + \frac{x}{4}\sqrt{a^2 - x^2} + C$

113. $\int x^2\arcsin\frac{x}{a}\mathrm{d}x = \frac{x^3}{3}\arcsin\frac{x}{a} + \frac{1}{9}(x^2 + 2a^2)\sqrt{a^2 - x^2} + C$

114. $\int \arccos\frac{x}{a}\mathrm{d}x = x\arccos\frac{x}{a} - \sqrt{a^2 - x^2} + C$

115. $\int x\arccos\frac{x}{a}\mathrm{d}x = \left(\frac{x^2}{2} - \frac{a^2}{4}\right)\arccos\frac{x}{a} - \frac{x}{4}\sqrt{a^2 - x^2} + C$

116. $\int x^2\arccos\frac{x}{a}\mathrm{d}x = \frac{x^3}{3}\arccos\frac{x}{a} - \frac{1}{9}(x^2 + 2a^2)\sqrt{a^2 - x^2} + C$

117. $\int \arctan\frac{x}{a}\mathrm{d}x = x\arctan\frac{x}{a} - \frac{a}{2}\ln(a^2 + x^2) + C$

118. $\int x\arctan\frac{x}{a}\mathrm{d}x = \frac{1}{2}(a^2 + x^2)\arctan\frac{x}{a} - \frac{a}{2}x + C$

119. $\int x^2\arctan\frac{x}{a}\mathrm{d}x = \frac{x^3}{3}\arctan\frac{x}{a} - \frac{a}{6}x^2 + \frac{a^3}{6}\ln(a^2 + x^2) + C$

**(十三) 含有指数函数的积分**

120. $\int a^x\,\mathrm{d}x = \frac{1}{\ln a}a^x + C$

121. $\int \mathrm{e}^{ax}\,\mathrm{d}x = \frac{1}{a}\mathrm{e}^{ax} + C$

122. $\int x\mathrm{e}^{ax}\,\mathrm{d}x = \frac{1}{a^2}(ax - 1)\mathrm{e}^{ax} + C$

123. $\int x^n\mathrm{e}^{ax}\,\mathrm{d}x = \frac{1}{a}x^n\mathrm{e}^{ax} - \frac{n}{a}\int x^{n-1}\mathrm{e}^{ax}\,\mathrm{d}x$

124. $\int xa^x\,\mathrm{d}x = \frac{x}{\ln a}a^x - \frac{x}{\ln^2 a}a^x + C$

125. $\int x^n a^x\,\mathrm{d}x = \frac{1}{\ln a}x^n a^x - \frac{n}{\ln a}\int x^{n-1}a^x\,\mathrm{d}x$

126. $\int e^{ax}\sin bx\,dx=\frac{1}{a^2+b^2}e^{ax}(a\sin bx-b\cos bx)+C$

127. $\int e^{ax}\cos bx\,dx=\frac{1}{a^2+b^2}e^{ax}(b\sin bx+a\cos bx)+C$

128. $\int e^{ax}\sin^n bx\,dx=\frac{1}{a^2+b^2n^2}e^{ax}\sin^{n-1}bx(a\sin bx-nb\cos bx)+\frac{n(n-1)b^2}{a^2+b^2n^2}\int e^{ax}\sin^{n-2}bx\,dx$

129. $\int e^{ax}\cos^n bx\,dx=\frac{1}{a^2+b^2n^2}e^{ax}\cos^{n-1}bx(a\cos bx+nb\sin bx)+\frac{n(n-1)b^2}{a^2+b^2n^2}\int e^{ax}\cos^{n-2}bx\,dx$

**(十四) 含有对数函数的积分**

130. $\int \ln x\,dx=x\ln x-x+C$

131. $\int \frac{dx}{x\ln x}=\ln|\ln x|+C$

132. $\int x^n\ln x\,dx=\frac{1}{n+1}x^{n+1}\left(\ln x-\frac{1}{n+1}\right)+C$

133. $\int \ln^n x\,dx=x\ln^n x-n\int \ln^{n-1}x\,dx$

134. $\int x^m\ln^n x\,dx=\frac{1}{m+1}x^{m+1}\ln^n x-\frac{n}{m+1}\int x^m\ln^{n-1}x\,dx$

**(十五) 定积分**

135. $\int_{-\pi}^{\pi}\cos nx\,dx=\int_{-\pi}^{\pi}\sin nx\,dx=0$

136. $\int_{-\pi}^{\pi}\cos mx\sin nx\,dx=0$

137. $\int_{-\pi}^{\pi}\cos mx\cos nx\,dx=\begin{cases}0,m\neq n\\ \pi,m=n\end{cases}$

138. $\int_{-\pi}^{\pi}\sin mx\sin nx\,dx=\begin{cases}0,m\neq n\\ \pi,m=n\end{cases}$

139. $\int_{0}^{\pi}\sin mx\sin nx\,dx=\int_{0}^{\pi}\cos mx\cos nx\,dx=\begin{cases}0,m\neq n\\ \frac{\pi}{2},m=n\end{cases}$

140. $I_n=\int_0^{\frac{\pi}{2}}\sin^n x\,dx=\int_0^{\frac{\pi}{2}}\cos^n x\,dx$

$I_n=\frac{n-1}{n}I_{n-2}$

$I_n=\frac{n-1}{n}\cdot\frac{n-3}{n-2}\cdot\cdots\cdot\frac{3}{4}\cdot\frac{1}{2}\cdot I_0=\frac{n-1}{n}\cdot\frac{n-3}{n-2}\cdot\cdots\cdot\frac{3}{4}\cdot\frac{1}{2}\cdot\frac{\pi}{2}$

$n$ 为正偶数

$I_n=\frac{n-1}{n}\cdot\frac{n-3}{n-2}\cdot\cdots\cdot\frac{4}{5}\cdot\frac{2}{3}\cdot I_1=\frac{n-1}{n}\cdot\frac{n-3}{n-2}\cdot\cdots\cdot\frac{4}{5}\cdot\frac{2}{3}\cdot 1,$

$n$ 为正奇数.

# 参考文献


[1]陈传璋,金福临,朱学炎,欧阳光中.数学分析(上)[M].北京:高等教育出版社,1983.

[2]Morris Kline.古今数学思想[M].朱学贤等译.上海:上海科学技术出版社,2002.

[3]瞿正良.高等应用数学简明教程[M].西安:西安交通大学出版社,2014.

[4]柳重堪.高等数学(上)[M].北京:中央广播电视大学出版社,1999.

[5]陈水林,冯影影,黄静.应用高等数学[M].武汉:湖北科技出版社,2011.

[6]陈晓敏.高等数学[M].哈尔滨:哈尔滨工程大学出版社,2012.

[7]吕保献.高等数学[M].西安:西北工业大学出版社,2010.

[8]刘全辉.经济数学[M].长沙:国防科技大学出版社,2008.